Cuidados em saúde
uma abordagem em práticas integrativas e complementares

inter
saberes

Cuidados em saúde
uma abordagem em práticas integrativas e complementares

Nathaly Tiare Jimenez da Silva Dziadek
Patrícia Rondon Gallina
Aline Bisinella Ianoski
Aline Cristine Hermann Bonato
Carolina Belomo de Souza
Caroline Pereira Mendes

inter saberes

Rua Clara Vendramin, 58 . Mossunguê . CEP 81200-170
Curitiba . PR . Brasil . Fone: (41) 2106-4170
www.intersaberes.com . editora@intersaberes.com

Conselho editorial
Dr. Alexandre Coutinho Pagliarini
Drª Elena Godoy
Dr. Neri dos Santos
Mª Maria Lúcia Prado Sabatella

Editora-chefe
Lindsay Azambuja

Gerente editorial
Ariadne Nunes Wenger

Assistente editorial
Daniela Viroli Pereira Pinto

Preparação de originais
Gilberto Girardello Filho

Edição de texto
Caroline Rabelo Gomes
Novotexto

Capa
Iná Trigo (design)
babayuka/Shutterstock (imagem)

Projeto gráfico
Charles L. da Silva (design)
Smileus e dibrova/Shutterstock (imagens)

Diagramação
Rafael Ramos Zanellato

Designer responsável
Iná Trigo

Iconografia
Maria Elisa Sonda
Regina Claudia Cruz Prestes

Dados Internacionais de Catalogação na Publicação (CIP)
(Câmara Brasileira do Livro, SP, Brasil)

Cuidados em saúde: uma abordagem em práticas integrativas e complementares / Nathaly Tiare Jimenez da Silva Dziadek... [et al.]. Curitiba, PR : InterSaberes, 2023.

Outros autores: Patrícia Rondon Gallina, Aline Bisinella Ianoski, Aline Cristine Hermann Bonato, Carolina Belomo de Souza, Caroline Pereira Mendes
Bibliografia.
ISBN 978-85-227-0758-4

1. Bioética 2. Biossegurança 3. Medicina do trabalho – Normas – Brasil 4. Política de saúde – Brasil 5. Resíduos sólidos hospitalares – Administração 6. Saúde pública – Brasil 7. Segurança do trabalho – Normas – Brasil 8. Serviços de saúde – Brasil I. Dziadek, Nathaly Tiare Jimenez da Silva. II. Gallina, Patrícia Rondon. III. Ianoski, Aline Bisinella. IV. Bonato, Aline Cristine Hermann. V. Souza, Carolina Belomo de. VI. Mendes, Caroline Pereira.

23-164092   CDD-362.10981

Índices para catálogo sistemático:
1. Brasil: Pics: Práticas integrativas e complementares em saúde:
Saúde pública   362.10981

Cibele Maria Dias – Bibliotecária – CRB-8/9427

1ª edição, 2023.
Foi feito o depósito legal.

Informamos que é de inteira responsabilidade das autoras a emissão de conceitos.

Nenhuma parte desta publicação poderá ser reproduzida por qualquer meio ou forma sem a prévia autorização da Editora InterSaberes.

A violação dos direitos autorais é crime estabelecido na Lei n. 9.610/1998 e punido pelo art. 184 do Código Penal.

Sumário

7 *Apresentação*
9 *Como aproveitar ao máximo este livro*

Capítulo 1
13 **Biossegurança**
15 1.1 Definição de biossegurança
26 1.2 Áreas e definições
30 1.3 Mapa de risco
33 1.4 Cuidados na biossegurança
36 1.5 Biossegurança na prática

Capítulo 2
47 **Bioética**
49 2.1 Contexto histórico da bioética
56 2.2 Princípios da bioética
59 2.3 Ética em pesquisa com seres humanos
64 2.4 Bioética em saúde pública
67 2.5 Dilemas bioéticos

Capítulo 3
77 **Gestão de resíduos sólidos**
79 3.1 O que são resíduos sólidos?
83 3.2 Classificação dos resíduos sólidos
87 3.3 Gerenciamento de resíduos sólidos
96 3.4 Práticas integrativas e complementares e os resíduos sólidos
98 3.5 Resíduos sólidos e seus impactos na saúde e no meio ambiente

Capítulo 4
103 **Práticas integrativas e complementares: processo de evolução e de implantação**
105 4.1 Histórico das Práticas Integrativas e Complementares em Saúde
108 4.2 Implantação das Práticas Integrativas e Complementares em Saúde no Brasil
119 4.3 Alguns dados sobre as práticas integrativas e complementares no mundo
122 4.4 Evidências científicas da eficácia das práticas integrativas e complementares
133 4.5 Práticas Integrativas e Complementares em Saúde em serviços de saúde

Capítulo 5
145 **Psicologia organizacional e Práticas Integrativas e Complementares em Saúde**
147 5.1 O desenvolvimento das organizações
152 5.2 Natureza, ser humano e organização
159 5.3 Ferramenta de diagnóstico para o indivíduo
162 5.4 Conexões entre indivíduos e organizações

179 *Considerações finais*
181 *Lista de siglas*
185 *Referências*
195 *Respostas*
199 *Sobre as autoras*

Apresentação

As Práticas Integrativas e Complementares em Saúde (PICS) são conhecimentos considerados tradicionais e que colaboram diretamente com a saúde física, mental e emocional. Desde 2006, 29 PICS foram incorporadas ao sistema de saúde brasileiro. Neste livro, abordaremos seis delas que têm como característica técnicas de expressão corporais e mentais.

Além disso, procuramos reunir, de modo estruturado, temas pertinentes à área da saúde, desde a biossegurança até a organização e o funcionamento das empresas, bem como a gestão dos resíduos sólidos que fazem parte dos nossos serviços de saúde.

Sob essa perspectiva, dividimos os conteúdos trabalhados neste material em cinco capítulos. No Capítulo 1, apresentamos os aspectos de biossegurança que são essenciais para a segurança do terapeuta que atua com as PICS. No Capítulo 2, abordamos a bioética e sua importância na saúde. Já no Capítulo 3, tratamos da gestão de resíduos sólidos, a fim de esclarecer como é importante descartar corretamente os resíduos gerados na saúde. Por sua vez, no Capítulo 4, discutimos a implantação e os estudos das práticas integrativas e complementares no Brasil e no mundo. Por fim, no Capítulo 5, versamos sobre a psicologia organizacional, temática fundamental para a compreensão dos sistemas de saúde.

Assim, esperamos contribuir com seus estudos, para que você possa tirar o melhor proveito possível do uso das PICS em sua carreira.

Bons estudos!

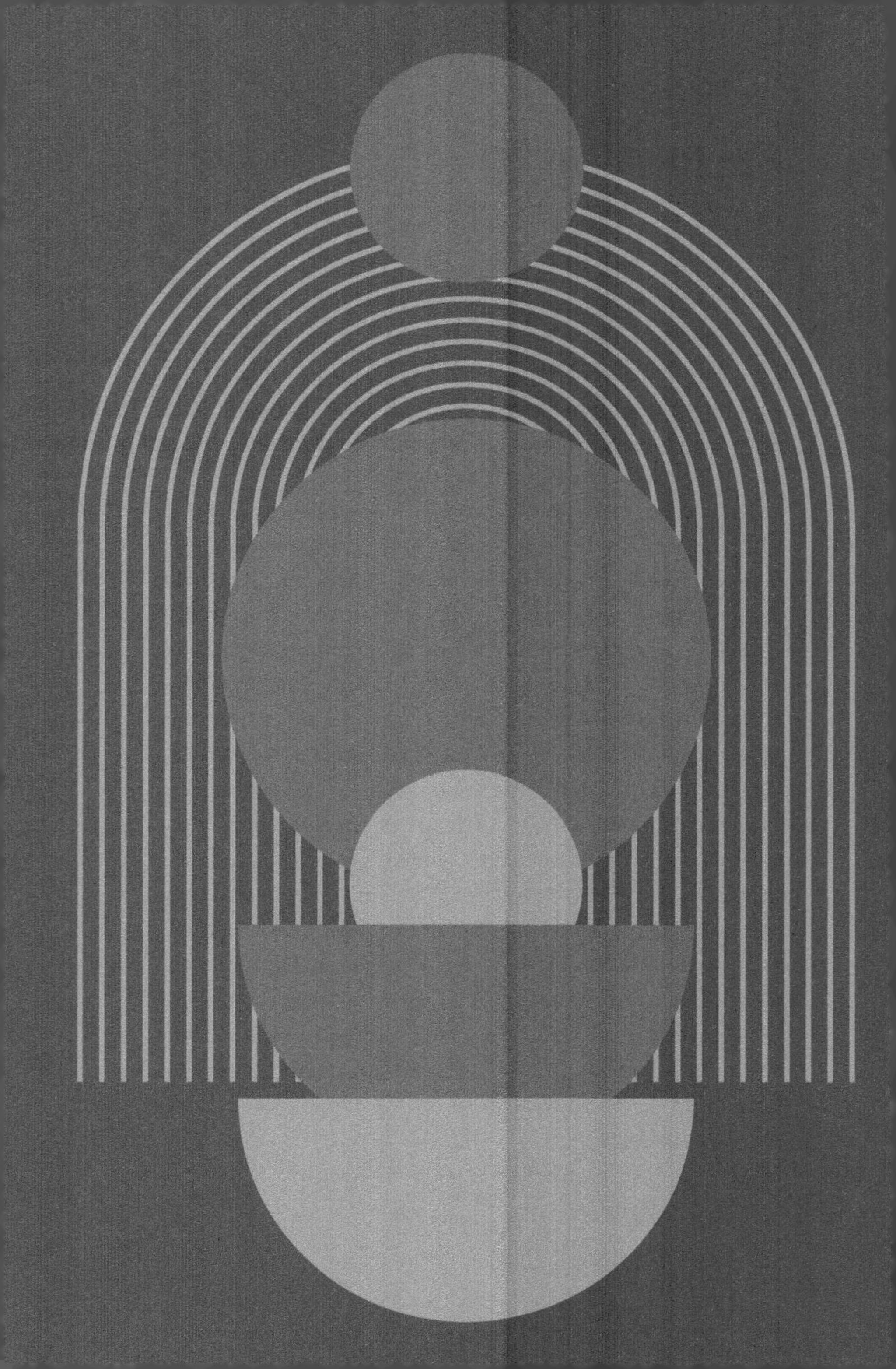

Como aproveitar ao máximo este livro

Empregamos nesta obra recursos que visam enriquecer seu aprendizado, facilitar a compreensão dos conteúdos e tornar a leitura mais dinâmica. Conheça a seguir cada uma dessas ferramentas e saiba como elas estão distribuídas no decorrer deste livro para bem aproveitá-las.

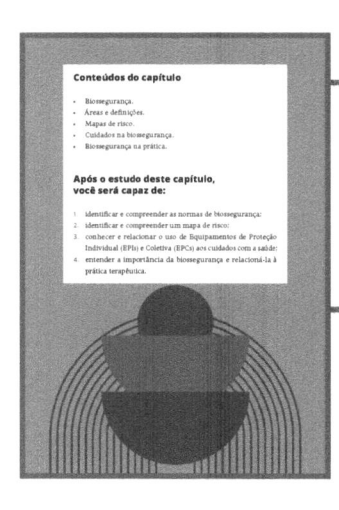

Conteúdos do capítulo:

Logo na abertura do capítulo, relacionamos os conteúdos que nele serão abordados.

Após o estudo deste capítulo, você será capaz de:

Antes de iniciarmos nossa abordagem, listamos as habilidades trabalhadas no capítulo e os conhecimentos que você assimilará no decorrer do texto.

Para saber mais

Sugerimos a leitura de diferentes conteúdos digitais e impressos para que você aprofunde sua aprendizagem e siga buscando conhecimento.

Síntese

Ao final de cada capítulo, relacionamos as principais informações nele abordadas a fim de que você avalie as conclusões a que chegou, confirmando-as ou redefinindo-as.

Questões para revisão

Ao realizar estas atividades, você poderá rever os principais conceitos analisados. Ao final do livro, disponibilizamos as respostas às questões para a verificação de sua aprendizagem.

Questões para reflexão

Ao propor estas questões, pretendemos estimular sua reflexão crítica sobre temas que ampliam a discussão dos conteúdos tratados no capítulo, contemplando ideias e experiências que podem ser compartilhadas com seus pares.

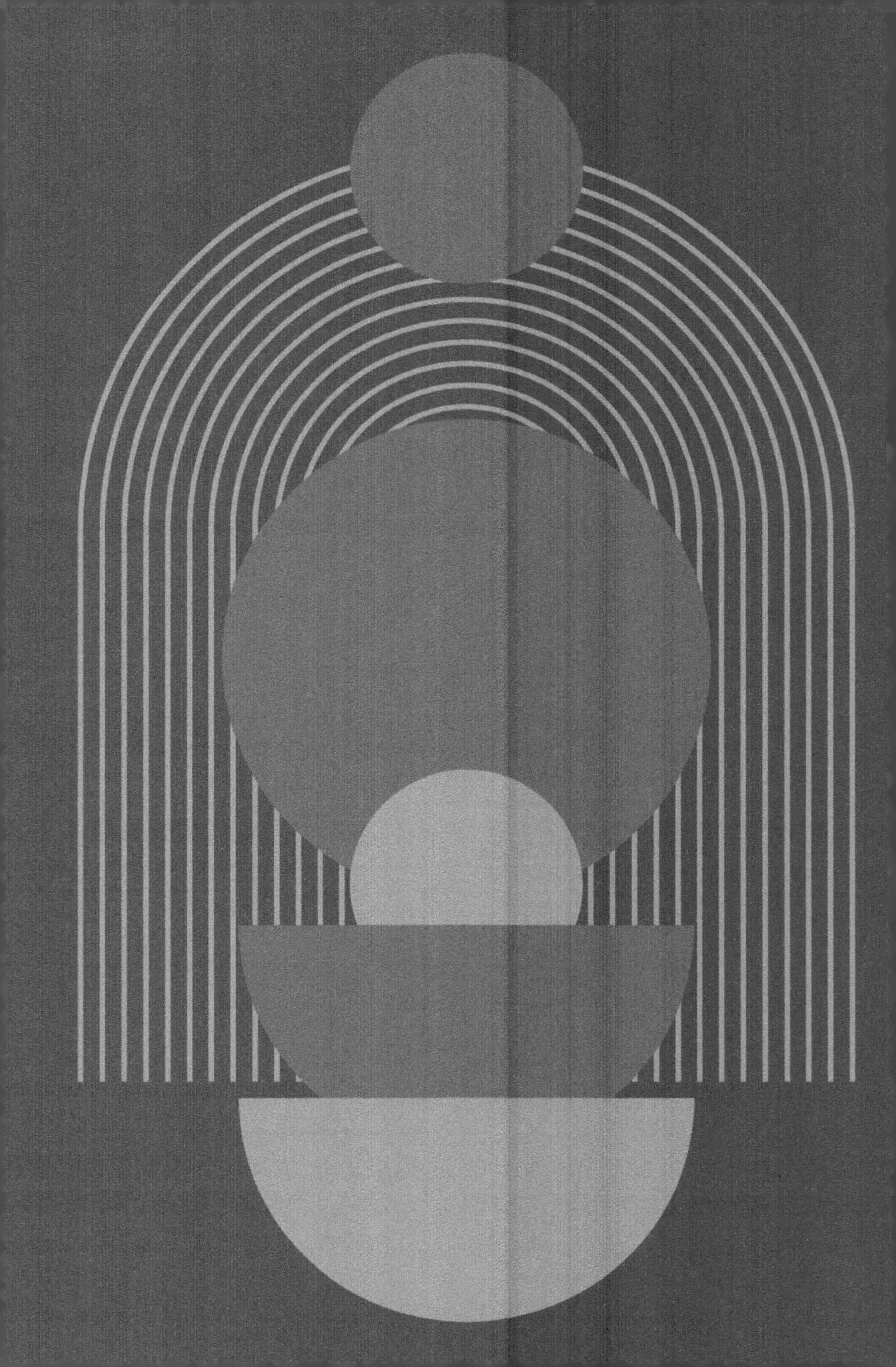

Capítulo 1
Biossegurança

Nathaly Tiare Jimenez da Silva Dziadek

Conteúdos do capítulo:

- Biossegurança.
- Áreas e definições.
- Mapas de risco.
- Cuidados na biossegurança.
- Biossegurança na prática.

Após o estudo deste capítulo, você será capaz de:

1. identificar e compreender as normas de biossegurança;
2. identificar e compreender um mapa de risco;
3. reconhecer e relacionar o uso de Equipamentos de Proteção Individual (EPIs) e Coletiva (EPCs) aos cuidados com a saúde;
4. entender a importância da biossegurança e relacioná-la à prática terapêutica.

A biossegurança se aplica a qualquer ramo de atividade. Isso porque, onde existe um profissional executando atividades laborais, ele está exposto a algum risco ocupacional, por menor que seja a intensidade dessa exposição.

Muitos ambientes que prestam serviços de saúde – isto é, cujas atividades podem, direta ou indiretamente, acarretar benefícios, danos ou agravos à saúde – apresentam condições de insalubridade. Isso significa que tais locais, ou as atividades profissionais envolvidas, são prejudiciais à saúde dos funcionários, os quais podem estar sendo expostos a riscos (perigos) físicos, mecânicos, ergonômicos, químicos e, principalmente, biológicos.

Nessa ótica, em um ambiente de assistência em saúde, a gestão de biossegurança é essencial não só para os colaboradores, mas também para os pacientes, uma vez que eles estão expostos aos mesmos riscos. Portanto, é imprescindível que os profissionais da saúde tenham conhecimento dos principais aspectos vinculados à biossegurança.

Diante do exposto, neste capítulo, evidenciaremos os principais aspectos referentes à biossegurança, a fim de que seja possível entender o mecanismo de gerenciamento dos riscos ambientais e promover um ambiente seguro para funcionários e pacientes.

1.1 Definição de biossegurança

O documento *Biossegurança em saúde: prioridades e estratégias de ação*, publicado pelo Ministério da Saúde (MS) em 2010, assim define o conceito de biossegurança (Brasil, 2010b, p. 15):

> A biossegurança compreende um conjunto de ações destinadas a prevenir, controlar, mitigar ou eliminar riscos inerentes às atividades que possam interferir ou comprometer a qualidade

de vida, a saúde humana e o meio ambiente. Desta forma, a biossegurança caracteriza-se como estratégica e essencial para a pesquisa e o desenvolvimento sustentável sendo de fundamental importância para avaliar e prevenir os possíveis efeitos adversos de novas tecnologias à saúde.

O tema da biossegurança relacionado à segurança do trabalhador ganhou maior relevância no início na década de 1980, ao passo que o assunto relativo à segurança do paciente entrou em voga a partir dos anos 2000.

Em serviços de saúde, a busca pela assistência de qualidade e de modo seguro tanto para o profissional quanto para o paciente deve ser o objetivo principal. No entanto, não há como garantir a eliminação de 100% dos riscos ambientais, tampouco que o paciente não passará por alguma situação adversa ao longo da assistência – a exemplo de complicações indesejadas decorrentes do cuidado prestado aos pacientes e não atribuídas à evolução natural da doença de base, caso em que a intervenção não necessariamente tem relação causal com o evento.

A função da biossegurança é fornecer ferramentas para o gerenciamento de riscos e erros, por meio de uma atuação preventiva, isto é, antecipando possíveis acontecimentos negativos. Isso possibilita a criação de barreiras para que, mesmo com a possibilidade de acidentes, estes não aconteçam e, com efeito, mantenha-se um ambiente seguro. Dessa forma, é possível assegurar a segurança e, além de reduzir as ações corretivas (que geram mais custos para a organização), diminuir custos referentes a acidentes de trabalho, reparações com os pacientes, atestados médicos e ações judiciais.

Para a gestão da biossegurança voltada aos estabelecimentos/empregadores, existem os órgãos relacionados ao tema da segurança no trabalho, como o Serviço Especializado em Engenharia de Segurança e em Medicina do Trabalho (SESMT), a Comissão Interna de Prevenção de Acidentes (Cipa), a Comissão de Controle de Infecção Hospitalar (CCIH), o Núcleo de Segurança do Paciente (NSP) etc., além de ferramentas como o Programa de Controle Médico de Saúde Ocupacional (PCMSO) e o Programa de Prevenção de Riscos Ambientais (PPRA), bem como mapas de risco e outros. O intuito desses organismos/dessas ferramentas é aplicar as diretrizes estabelecidas nas Normas Regulamentadoras (NRs), as quais são criadas e dispostas por uma comissão tripartite composta pelo Ministério do Trabalho e Emprego (MTE) e por empregadores e empregados.

1.1.1 Normas Regulamentadoras (NRs)

Em 2002, foi instituída a Comissão de Biossegurança em Saúde (CBS), que conta com 38 NRs especificadas em legislação. Elas têm os objetivos de promover, incentivar e atualizar as normas em biossegurança e consistem em obrigações, direitos e deveres a serem cumpridos por empregadores e trabalhadores, para assegurar o trabalho seguro e sadio e prevenir a ocorrência de doenças e acidentes de trabalho (Brasil, 2023). Apresentamos tais NRs a seguir:

- NR-1 – Disposições Gerais e Gerenciamento de Riscos Ocupacionais.
- NR-2 – Inspeção Prévia.
- NR-3 – Embargo e Interdição.
- NR-4 – Serviços Especializados em Segurança e em Medicina do Trabalho.
- NR-5 – Comissão Interna de Prevenção de Acidentes.

- NR-6 – Equipamento de Proteção Individual (EPI).
- NR-7 – Programa de Controle Médico de Saúde Ocupacional.
- NR-8 – Edificações.
- NR-9 – Avaliação e Controle das Exposições Ocupacionais a Agentes Físicos, Químicos e Biológicos.
- NR-10 – Segurança em Instalações e Serviços em Eletricidade.
- NR-11 – Transporte, Movimentação, Armazenagem e Manuseio de Materiais.
- NR-12 – Segurança no Trabalho em Máquinas e Equipamentos.
- NR-13 – Caldeiras, Vasos de Pressão e Tubulações e Tanques Metálicos de Armazenamento.
- NR-14 – Fornos.
- NR-15 – Atividades e Operações Insalubres.
- NR-16 – Atividades e Operações Perigosas.
- NR-17 – Ergonomia.
- NR-18 – Segurança e Saúde no Trabalho na Indústria da Construção.
- NR-19 – Explosivos.
- NR-20 – Segurança e Saúde no Trabalho com Inflamáveis e Combustíveis.
- NR-21 – Trabalhos a Céu Aberto.
- NR-22 – Segurança e Saúde Ocupacional na Mineração.
- NR-23 – Proteção contra Incêndios.
- NR-24 – Condições Sanitárias e de Conforto nos Locais de Trabalho.
- NR-25 – Resíduos Industriais.
- NR-26 – Sinalização de Segurança.
- NR-27 – Registro Profissional do Técnico de Segurança do Trabalho.
- NR-28 – Fiscalização e Penalidades.

- NR-29 – Norma Regulamentadora de Segurança e Saúde no Trabalho Portuário.
- NR-30 – Segurança e Saúde no Trabalho Aquaviário.
- NR-31 – Segurança e Saúde no Trabalho na Agricultura, Pecuária, Silvicultura, Exploração Florestal e Aquicultura.
- NR-32 – Segurança e Saúde no Trabalho em Serviços de Saúde.
- NR-33 – Segurança e Saúde nos Trabalhos em Espaços Confinados.
- NR-34 – Condições e Meio Ambiente de Trabalho na Indústria da Construção, Reparação e Desmonte Naval.
- NR-35 – Trabalho em Altura.
- NR-36 – Segurança e Saúde no Trabalho em Empresas de Abate e Processamento de Carnes e Derivados.
- NR-37 – Segurança e Saúde em Plataformas de Petróleo.
- NR-38 – Segurança e Saúde no Trabalho nas Atividades de Limpeza Urbana e Manejo de Resíduos Sólidos. (Brasil, 2023)

Todas essas NRs são regulamentadas pelo Ministério do Trabalho e Previdência (MTPS) e podem ser encontradas na Portaria n. 3.214, de 8 de junho de 1978 (Brasil, 1978a), além de serem citadas na Consolidação das Leis do Trabalho (CLT), legislação de observância para todas as empresas.

1.1.2 Norma Regulamentadora n. 32 (NR-32)

Desde a década de 1980, podemos considerar a classe de profissionais da área da saúde como uma categoria de alto risco em acidentes de trabalho e doenças ocupacionais, pois diariamente eles são expostos a toda sorte possível de risco dessa natureza: físico, químico, ergonômico e biológico, o qual merece maior destaque.

Em 2004, o MS publicou a Portaria n. 777, referente a "procedimentos técnicos para a notificação compulsória e agravos à saúde do trabalhador" relacionados a doenças e acidentes ocupacionais (Brasil, 2004). Já em 11 de novembro de 2005, o MTE promulgou a NR-32, por meio da Portaria n. 485, relativa à Segurança e Saúde no Trabalho em Serviços de Saúde, estabelecendo diretrizes e a implementação de medidas de proteção. Segundo essa norma, "entende-se por serviços de saúde qualquer edificação destinada à prestação de assistência à saúde da população, e todas as ações de promoção, recuperação, assistência, pesquisa e ensino em saúde em qualquer nível de complexidade" (Brasil, 2005b).

A NR-32 dispõe, principalmente, sobre os seguintes assuntos:

- classificação dos riscos biológicos de baixo (1) a elevado (4), de acordo com risco individual e/ou coletivo, capacidade de causar doença e profilaxia, para a definição do nível de biossegurança (1 a 4) necessário quando da manipulação dos agentes biológicos;
- orientação quanto aos danos da exposição aos riscos químicos, devido às características particulares das substâncias utilizadas nos serviços de saúde, como medicamentos, quimioterápicos, substâncias usadas nos próprios procedimentos e produtos para limpeza e higienização;
- riscos da exposição à radiação ionizante;
- cuidados com as atividades e equipes de higienização e desinfecção;
- segregação, acondicionamento e descarte dos resíduos sólidos de serviços em saúde;
- acidentes com perfurocortantes.

1.1.3 Serviço Especializado em Engenharia de Segurança e em Medicina do Trabalho (SESMT) e Comissão Interna de Prevenção de Acidentes (Cipa)

Dos órgãos vinculados à saúde do trabalhador, os principais são o Serviço Especializado em Engenharia de Segurança e em Medicina do Trabalho (SESMT) e a Comissão Interna de Prevenção de Acidentes (Cipa).

Segundo a NR-4, o SESMT tem sua organização definida pelo MTPS (Brasil, 1978b). Essa NR visa à redução de acidentes de trabalho e doenças ocupacionais, exigindo que os núcleos SESMT sejam formados por profissionais especializados na área, como técnico de segurança do trabalho, engenheiro do trabalho, médico do trabalho, enfermeiro do trabalho e auxiliar de enfermagem do trabalho.

Algumas empresas também contam com o fisioterapeuta do trabalho, o qual não tem caráter de obrigatoriedade legal, conforme a OHSAS/ISO 45001 (ISO, 2018).

Os profissionais do SESMT podem tanto ser funcionários internos como também terceirizados, quando a organização contrata o serviço da empresa de medicina ocupacional. O número de profissionais que deve fazer parte dos SESMT, de acordo com o exigido pela NR-4, muda conforme o risco da atividade executada e o número de colaboradores, como podemos observar no Quadro 1.1, a seguir.

Quadro 1.1 – Dimensionamento dos SESMT em serviços de saúde

Grau de risco	N. de empregados no estabelecimento / Técnicos	50 a 100	101 a 250	251 a 500	501 a 1.000	1.001 a 2.000	2.001 a 3.500	3.501 a 5.000	Acima de 5.000 Para cada grupo de 4.000 ou fração acima 2.000**
1	Técnico em Seg. do Trabalho				1	1	1	2	1
	Engenheiro em Seg. do Trabalho					1*	1		1*
	Aux. Enfermagem do Trabalho					1	1		1
	Enfermeiro do Trabalho						1*		
	Médico do Trabalho				1*	1*	1		1
2	Técnico Seg. do Trabalho				1	1	2	5	1
	Engenheiro de Seg. do Trabalho					1*	1	1	1*
	Aux. Enfermagem do Trabalho					1	1	1	1
	Enfermeiro do Trabalho							1	
	Médico do Trabalho					1	1	1	1
3	Técnico Seg. do Trabalho	1	2	3	4	6	8		3
	Engenheiro de Seg. do Trabalho				1*	1	1	2	1
	Aux. Enfermagem do Trabalho					1	2	1	1
	Enfermeiro do Trabalho							1	
	Médico do Trabalho					1	1	2	1
4	Técnico Seg. do Trabalho	1	2	3	4	5	8	10	3
	Engenheiro de Seg. do Trabalho		1*	1*	1	1	2	3	1
	Aux. Enfermagem do Trabalho				1	1	2	2	1
	Enfermeiro do Trabalho							1	
	Médico do Trabalho		1*	1*	1	1	2	3	1

(*) Tempo parcial (mínimo de três horas)
(**) O dimensionamento total deverá ser feito levando-se em consideração o dimensionamento de faixas de 3.501 a 5.000 mais o dimensionamento do(s) grupo(s) de 4.000 ou fração acima de 2.000.
Obs.: Hospitais, Ambulatórios, Maternidades, Casas de Saúde e Repouso, Clínicas e estabelecimentos similares com mais de 500 (quinhentos) empregados deverão contratar um Enfermeiro em tempo integral.

Fonte: Brasil, 1978b, p. 25.

O SESMT tem como função principal evitar acidentes de trabalho e proteger a integridade física dos colaboradores, instruindo-os e alertando-os a respeito dos riscos de suas atividades laborais e doenças ocupacionais.

De acordo com a NR-4, esse órgão é responsável por realizar análises de riscos ambientais e orientar os profissionais quanto ao uso de EPIs (Equipamentos de Proteção Individual), além de registrar adequadamente os eventuais acidentes que ocorram.

Segundo a NR-5 (Brasil, 1978c), a Cipa, cuja organização é estabelecida pelo MTPS, também enfoca na prevenção de acidentes e de doenças resultantes do trabalho, a fim de promover a saúde do trabalhador, um ambiente seguro de trabalho e a preservação da vida.

A comissão deve ser formada tanto por representantes do empregador como dos empregados, em conformidade com o dimensionamento previsto na NR-5. Os funcionários (titulares e suplentes) indicam seus próprios representantes, e a organização deve eleger seus representantes (titulares e suplentes) por meio de votação secreta, a contar com a participação dos interessados (Maringá, 2023).

No Quadro 1.2, a seguir, acompanhe o dimensionamento considerando o número de integrantes da Cipa em relação à quantidade de funcionários de uma empresa.

Quadro 1.2 – Dimensionamento da Cipa

GRAU DE RISCO*	Nº de integrantes da CIPA	NÚMERO DE EMPREGADOS NO ESTABELECIMENTO											Acima de 10.000 para cada grupo de 2.500, acrescentar
		0 a 19	20 a 29	30 a 50	51 a 80	81 a 100	101 a 120	121 a 140	141 a 300	301 a 500	501 a 1.000	1.001 a 2.500	2.501 a 5.000	5.001 a 10.000	
1	Efetivos					1	1	1	1	2	4	5	6	8	1
	Suplentes					1	1	1	1	2	3	4	5	6	1
2	Efetivos				1	1	2	2	3	4	5	6	8	10	1
	Suplentes				1	1	1	1	2	3	4	5	6	8	1
3	Efetivos		1	1	2	2	2	3	4	5	6	8	10	12	2
	Suplentes		1	1	1	1	1	2	2	4	4	6	8	8	2
4	Efetivos		1	2	3	3	4	4	4	5	6	9	11	13	2
	Suplentes		1	1	2	2	2	2	3	4	5	7	8	10	2

*Grau de risco conforme estabelecido no Quadro I da NR-4 – Relação da Classificação Nacional de Atividades Econômicas – CNAE (Versão 2.0), com correspondente Grau de Risco (GR) para fins de dimensionamento do SESMT.

Fonte: Brasil, 1978c, p. 10.

Tanto o SESMT como a Cipa têm a função de prevenir acidentes no ambiente de trabalho, incentivando a cultura de segurança, e ambos devem manter entre si uma relação de proximidade.

1.1.4 Programa de Controle Médico de Saúde Ocupacional (PCMSO) e Programa de Prevenção de Riscos Ambientais (PPRA)

O Programa de Controle Médico de Saúde Ocupacional (PCMSO) e o Programa de Prevenção de Riscos Ambientais (PPRA) estão previstos na legislação do MTPS.

Ambos são realizados por meio da análise de risco do ambiente onde o profissional está executando suas atividades e dos laudos assinados pelo SESMT. Os responsáveis pelo PCMSO e pelo PPRA são, respectivamente, o médico do trabalho e o engenheiro de segurança do trabalho.

A principal incumbência do PCMSO é a prevenção de doenças ocupacionais, mas, caso esta não seja possível, o objetivo passa a ser o diagnóstico precoce. No entanto, o médico do trabalho também deve ser capaz de fazer a identificação e o acompanhamento de doenças em estágio mais avançado, por meio de exames admissionais e periódicos (para retorno ao trabalho, mudança de função, demissional etc.), além de exames complementares, de acordo com o risco específico do cargo (por exemplo, o exame complementar para um colaborador exposto a ruídos é a audiometria).

Todas as regras da implantação e da obrigatoriedade do PCMSO estão descritas na NR-7, promulgada pela Portaria n. 3.214/1978 do MTE (Brasil, 1978a). A função dessa norma é promover a saúde dos trabalhadores das empresas.

Por seu turno, segundo definição que consta na NR-9, o PPRA visa à

> preservação da saúde e da integridade dos trabalhadores, através da antecipação, reconhecimento, avaliação e consequente controle da ocorrência de riscos ambientais existentes ou que venham a existir no ambiente de trabalho, tendo em consideração a proteção do meio ambiente e dos recursos naturais. (Menezes, 2017)

O PPRA é feito por meio de uma análise de risco do ambiente e constituído por diversas etapas. Sua intenção sempre reside em prevenir, reduzir ou eliminar os vários riscos que existem no ambiente laboral. É com base nele que decorrem outras principais ferramentas de gestão da biossegurança, a exemplo do mapa de risco.

O PCMSO e o PPRA são obrigatórios por parte do empregador, independentemente do número de colaboradores. A principal diferença entre eles diz respeito ao fato de que o primeiro busca a proteção da saúde do trabalhador, já o segundo objetiva a manutenção dos recursos ambientais e a proteção do meio ambiente.

1.2 Áreas e definições

Como mencionamos anteriormente, nos ambientes de serviços de saúde, os profissionais estão expostos a riscos ambientais que podem resultar em acidentes ou doenças ocupacionais. *Riscos* nada mais são que condições incertas capazes de acarretar danos a pessoas, produtos ou ambientes.

1.2.1 Perigo e risco

Para o correto entendimento dos riscos ambientais, faz-se necessário diferenciar *perigo* e *risco*. O perigo se refere à característica inata do equipamento, da substância ou do ambiente, enquanto o risco está vinculado à probabilidade de realmente acontecer um acidente ante o perigo. Além disso, ele quase sempre está diretamente ligado ao comportamento, ao ato seguro ou inseguro.

A esse respeito, a NR-10 (citada por Coelho, 2020) traz conceitos fundamentais relativos a perigo e risco, assim definidos: "perigo é uma fonte ou situação com potencial para causar danos à integridade do trabalhador, instalações e/ou equipamentos do ambiente de trabalho, enquanto [...] risco se define como a combinação da probabilidade de ocorrência e da consequência de um determinado evento perigoso".

1.2.2 Natureza dos riscos

Os agentes causadores dos acidentes ocupacionais são classificados em cinco grupos de riscos: biológicos; químicos; físicos; ergonômicos mecânicos ou de acidente. Nem sempre tais riscos apresentam consequências imediatas, já que dependem de fatores como tempo e intensidade da exposição ao agente de risco. Contudo, é importante ressaltar a necessidade de identificar e controlar tais agentes. Por exemplo, as consequências da exposição a um agente ergonômico geralmente são observadas a longo prazo, o que difere de um agente de risco mecânico, cuja consequência é imediatamente sentida e percebida em virtude do acidente.

No Quadro 1.3, a seguir, apresentamos a classificação dos riscos ambientais:

Quadro 1.3 - Classificação dos riscos ambientais

Grupo I – verde: riscos físicos	Grupo II – vermelho: riscos químicos	Grupo III – marrom: riscos biológicos	Grupo IV – amarelo: riscos ergonômicos	Grupo V – azul: riscos mecânicos/acidente
Ruídos	Poeiras	Vírus	Esforço físico intenso	Arranjo físico inadequado
Vibrações	Fumaça	Bactérias	Levantamento e transporte manual de peso	Máquinas e equipamentos sem proteção
Radiações ionizantes e não ionizantes	Névoas	Fungos	Exigência de postura inadequada	Ferramentas inadequadas ou defeituosas
Frio	Neblinas	Parasitas	Controle rígido de produtividade	Iluminação inadequada
Calor	Gases		Imposição de ritmos excessivos	Eletricidade

(continua)

(Quadro 1.3 – conclusão)

Grupo I – verde: riscos físicos	Grupo II – vermelho: riscos químicos	Grupo III – marrom: riscos biológicos	Grupo IV – amarelo: riscos ergonômicos	Grupo V – azul: riscos mecânicos/acidente
Pressão	Vapores		Trabalhos em turnos diurnos e noturnos	Probabilidade de incêndio ou explosão
Umidade	Compostos e substâncias ou produtos químicos em geral		Jornada de trabalho prolongada	Armazenamento inadequado
			Monotonia e repetitividade	Animais peçonhentos
			Outras situações causadoras de estresse físico e psíquico	Acidente com perfurocortante
				Quedas
				Outras situações de risco que poderão contribuir para a ocorrência de acidente

1.2.3 Análise de risco ambiental

Com o objetivo de prevenir a ocorrência de acidentes, é preciso trabalhar com vistas à antecipação às situações de risco. É a essa prática que denominamos *gerenciamento de riscos e de erros*. Nessa perspectiva, o primeiro passo é executar o procedimento técnico chamado de *análise de risco*.

Trata-se de um estudo técnico feito pelo SESMT e tem como responsável o engenheiro de segurança do trabalho, que analisa detalhadamente todos os setores do local, a fim de identificar os agentes de risco presentes, bem como as consequências da exposição a eles. Assim, ele é capaz de tomar decisões mais assertivas para eliminar e/ou conter tais riscos.

A análise de riscos se divide em três fases:

1. **Identificação**: Caracteriza a fonte de risco e mede sua intensidade, frequência e duração. Sob essa ótica, os trabalhadores e suas funções devem ser descritos, para que seja possível compreender quais atividades podem acarretar um evento indesejável.
2. **Avaliação**: Trata-se de analisar as prováveis consequências dos riscos considerando a população estudada. A avaliação de risco quantifica um possível acidente. Desse modo, o risco percebido depende da frequência ou da probabilidade do evento, e suas consequências são expressas em danos pessoais, materiais ou financeiros. Entretanto, nem sempre é fácil identificar as variáveis. Por isso, para alguns casos, procede-se à análise qualitativa do risco. Em resumo, existem dois tipos de avaliação:
   1. **Qualitativa**: Avalia-se o perigo, e não o risco.
   2. **Quantitativa**: Por meio da categoria de risco, faz-se uma estimativa do risco presente.
3. **Administração**: Diz respeito a estabelecer ações para amenizar, controlar e mitigar os agentes de risco. Ou seja, com a correta administração, pode-se tomar decisões que objetivem eliminar, reduzir, reter ou transferir os riscos detectados nas etapas anteriores

1.3 Mapa de risco

O mapa de risco consiste em uma das principais e mais básicas ferramentas em segurança do trabalho e é realizado com base na análise de risco. Trata-se de uma representação gráfica (um desenho, uma pista visual etc.) dos riscos presentes em determinado ambiente. Ou seja, os riscos são identificados, mapeados e representados no mapa de risco por meio de círculos, cores e legendas.

Além disso, ele deve ser inserido em um local em que possa ser visualizado por todos. Devido à sua relevância, é mandatório que o mapa de risco seja de fácil interpretação, já que orienta os profissionais quanto à postura e ao comportamento exigidos em setores específicos. Assim, os colaboradores podem identificar rapidamente a quais riscos estão sendo expostos, o que contribui para que atuem preventivamente, a fim de evitar possíveis acidentes.

Ainda, sua confecção deve partir da planta baixa do local, reproduzindo o *layout* do ambiente de trabalho – é fundamental representá-lo fielmente. O modelo para sua produção foi estabelecido pelo MTE e até hoje passa por constantes atualizações.

De acordo com a NR-5, a responsabilidade pela elaboração dos mapas de risco nas empresas é da Cipa, com o auxílio do SESMT e de todos os trabalhadores expostos a riscos (Brasil, 1978c).

Por ser um documento obrigatório por lei, as instituições que não disporem de um mapa de risco estão sujeitas à aplicação de sanções pelos auditores fiscais do MTPS.

1.3.1 Elaboração e estrutura do mapa de risco

Para a elaboração do mapa de risco, a Cipa conta com a participação e orientação do SESMT. Nesse sentido, os trabalhadores são entrevistados, a fim de estimular a prevenção dos acidentes. Eles contribuem com informações referentes aos riscos a que estão expostos durante a jornada de trabalho, entre outras.

A seguir, acompanhe as etapas relativas à produção desse documento:

- caracterizar detalhadamente o local analisado e o processo de trabalho, levantando dados como: número de trabalhadores; sexo; idade; jornada de trabalho; treinamentos profissionais; instrumentos de trabalho; características físicas do local etc.;
- detectar os riscos existentes no local e as fontes geradoras;
- constatar as medidas preventivas já existentes e a eficácia delas, tanto a nível individual como coletivo (infraestrutura, condições básicas de higiene e conforto etc.);
- identificar as queixas comuns e frequentes entre os trabalhadores expostos aos riscos em questão, bem como os acidentes ocorridos, as doenças ocupacionais diagnosticadas, as maiores causas de ausência e de emissão de atestados etc.;
- conhecer as medidas já realizadas no local;
- elaborar o mapa por meio do *layout*, representando os riscos em círculos de tamanhos e cores variáveis, conforme a intensidade e a classificação;

Cada setor da organização deve possuir um mapa próprio, com a análise e o detalhamento completo do espaço. Ainda, classificados por tamanhos, os círculos determinam o grau de risco entre pequeno, médio ou grande.

Observe a seguir, na Figura 1.1, um exemplo de mapa de risco.

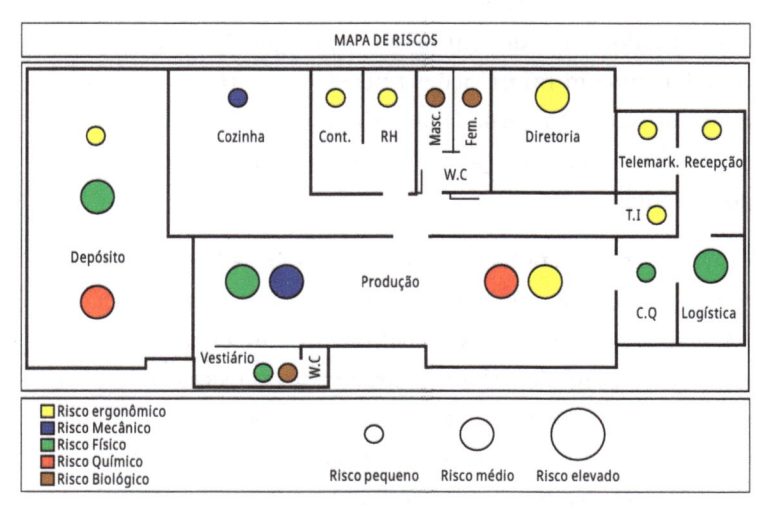

Figura 1.1 – Mapa de risco

Fonte: IB, 2023.

Em uma situação em que exista mais de um risco possível no mesmo local, basta identificá-los por círculos de diferentes cores, de acordo com a classificação deles – pode-se identificar até cinco riscos em um ponto representado por um círculo dividido por critérios de incidência (Figura 1.2).

Figura 1.2 – Identificação de dois ou mais tipos de risco no mesmo local

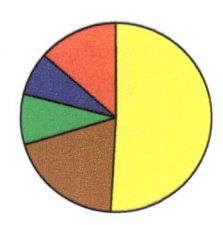

1.4 Cuidados na biossegurança

Contra os riscos do ambiente de trabalho, todo trabalhador tem direito ao uso de dispositivos que preservem sua integridade física. Para isso, existem os Equipamentos de Proteção Individual (EPIs) e os Equipamentos de Proteção Coletiva (EPCs).

1.4.1 Equipamentos de Proteção Individual (EPIs)

De acordo com a NR-6, EPI é "todo dispositivo ou produto, de uso individual utilizado pelo trabalhador, destinado à proteção de riscos suscetíveis de ameaçar a segurança e a saúde no trabalho" (Brasil, 1978d). O objetivo desses equipamentos é proteger o trabalhador contra possíveis danos à saúde e à integridade física durante suas atividades laborais, ao entrar em contato com agentes infecciosos, material perfurocortante infectado, substâncias toxicas etc.

É de suma importância que o profissional da saúde utilize os EPIs corretamente. Além disso, é direito de todo profissional ter à disposição tais ferramentas em quantidades suficientes para o trabalho, independentemente de serem ou não materiais descartáveis. Logo, é obrigação da empresa fornecer e garantir a reposição imediata desses equipamentos. Ainda, os EPIs só podem ser comercializados ou utilizados mediante certificação de aprovação (CA) expedida pelo MTPS.

O Anexo I da NR-6 apresenta os seguintes EPIs (Brasil, 1978d):

i. **Proteção da cabeça**: Capacete, capuz ou balaclava.
ii. **Proteção dos olhos e da face**: Óculos, protetor facial, máscara de solda.

iii. **Proteção auditiva:** Protetor auditivo.
iv. **Proteção respiratória:** Respirador purificador de ar não motorizado, respirador purificador de ar motorizado, respirador de adução de ar tipo linha de ar comprimido, respirador de adução de ar tipo máscara autônoma, respirador de fuga.
v. **Proteção do tronco:** Vestimentas, colete à prova de balas de uso permitido para vigilantes que trabalham portando arma de fogo, para proteção do tronco contra riscos de origem mecânica.
vi. **Proteção dos membros superiores:** Luvas, creme protetor, manga, braçadeira, dedeira.
vii. **Proteção dos membros inferiores:** Calçado, meia, perneira, calça.
viii. **Proteção do corpo inteiro:** Macacão, vestimenta de corpo inteiro.
ix. **Proteção contra quedas com diferença de nível:** Cinturão de segurança com dispositivo trava-queda, cinturão de segurança com talabarte.

1.4.2 Equipamentos de Proteção Coletiva (EPCs)

Os EPCs são dispositivos que preservam a integridade física dos trabalhadores contra os riscos do ambiente laboral e têm o objetivo de proteger e manter a segurança de um grupo de colaboradores. São equipamentos de utilização prioritária. Acompanhe, a seguir, alguns exemplos:

- Enclausuramento acústico de fontes de ruído;
- Ventilação dos locais de trabalho;
- Proteção de partes móveis de máquinas;

- Exaustores para gases e vapores;
- Tela/grade para proteção de polias, peças ou engrenagens móveis;
- Ar-condicionado/aquecedor para locais frios;
- Placas sinalizadoras;
- Avisos, Sinalizações;
- Sensores de máquinas;
- Corrimão;
- Fitas antiderrapantes de degrau de escada;
- Ventiladores;
- Iluminação;
- Piso antiderrapante;
- Barreiras de proteção contra luminosidade e radiação;
- Guarda-corpos;
- Protetores de máquinas;
- Sirene de alarme de incêndio;
- Cabines para pintura;
- Purificadores de ar/água;
- Chuveiro e lava olhos de emergência. (Portal Educação, 2023)

Segundo a NR-6, tais medidas (tanto as relativas aos EPIs quanto aos EPCs) devem proporcionar melhorias na qualidade da assistência e diminuição de acidentes nas atividades que envolvem risco. Assim, normas de biossegurança associadas aos EPIs promovem resultados satisfatórios.

É o PPRA que determina, por meio da análise de risco, quais EPIs ou EPCs devem ser utilizados, considerando a exposição em determinado ambiente.

1.5 Biossegurança na prática

De acordo com Oliveira (2020), a biossegurança pode ser definida como o conjunto de ações para minimizar os riscos inerentes às atividades de pesquisa, produção, ensino, desenvolvimento tecnológico e prestação de serviços, visando à saúde humana e animal, à prevenção do meio ambiente e à qualidade dos resultados.

Além disso, ela também objetiva a segurança do paciente, visto que, principalmente, a falta da biossegurança pode ser a causa para a ocorrência de eventos adversos no momento da prestação de serviços.

Como informado, nos serviços em saúde, tanto de assistência direta quanto indireta, em que o cliente final é um paciente e que afetam seu estado geral de saúde, é comum que os ambientes em que tais serviços são prestados apresentem agentes dos cinco grupos de risco: físicos, químicos, biológicos, ergonômicos e mecânicos ou de acidentes. Observe, a seguir, alguns exemplos:

- **Riscos físicos**: Frio, calor, ruído, vibração etc.
- **Riscos químicos**: Algumas substâncias utilizadas em procedimentos, produtos de limpeza e desinfecção etc.
- **Riscos biológicos**: A própria manipulação dos pacientes e a exposição a bactérias, fungos e vírus, contaminação cruzada (paciente-profissional-paciente ou paciente-profissional-produto-paciente) etc.
- **Riscos ergonômicos**: Postura inadequada e/ou repetitiva, maca e/ou cadeira na altura incorreta, falta de boa iluminação etc.
- **Riscos mecânicos**: Acidentes com perfurocortantes, fiação elétrica inadequada, piso molhado, atos inseguros etc.

Para que um profissional as saúde se destaque no mercado, não lhe basta apenas ter conhecimento técnico, contar com produtos de qualidade e realizar atendimentos diferenciados e personalizados. Como se trata de um profissional da saúde, ele deve prezar pela segurança do paciente no que diz respeito aos cuidados básicos de higiene, bem como promover a limpeza e a conservação de materiais e de equipamentos e de zelar no momento de manipular os produtos.

A esse respeito, em termos de biossegurança, o principal e mais básico ponto de atenção para o profissional é fazer a correta e constante higienização das mãos, pois elas são as principais ferramentas de trabalho do terapeuta, uma vez que entram em contato com produtos, materiais e pacientes nas áreas externas e comuns. Logo, se as mãos estão contaminadas, podem ser um veículo de propagação de doenças para outros profissionais e pacientes, além dos produtos e materiais utilizados.

Assim, como os EPIs são de uso individual e, em grande maioria, descartáveis, não devem ser reaproveitados e reutilizados, ainda que no atendimento ao mesmo paciente/cliente. Acompanhe alguns exemplos (Teixeira, 2023):

- **Máscaras**: Protegem a região da boca e do nariz, áreas de mucosa de fácil contaminação. Por isso, as máscaras devem ser preferencialmente descartáveis ou trocadas a cada período, conforme a recomendação do fabricante.
- **Luvas**: As luvas de procedimento devem ser descartadas ao final de cada operação, e após serem calçadas (sobrepondo os punhos do jaleco), não devem tocar outros objetos. Obviamente, não dispensam a higienização das mãos. Na retirada das luvas, é necessário ter atenção para que não ocorra a contaminação do profissional.

- **Jalecos**: O ideal é que sejam compridos, de mangas longas com punhos, em tecido fechado (tecidos de renda não são indicados) e com botões. Também devem ser trocados diariamente e utilizados somente nos espaços de atendimento. É possível usar aventais descartáveis, embora seu custo elevado possa impossibilitar essa utilização.
- **Óculos**: Protegem a região dos olhos, que também é de fácil contaminação. Podem ser substituídos, de acordo com a necessidade, por protetores faciais.
- **Toucas**: Protegem a região da cabeça/do cabelo e as orelhas contra respingos e previnem a contaminação cruzada de pacientes ou de produtos por microrganismos presentes no cabelo do profissional. Ainda, protegem o paciente dos produtos utilizados no momento do procedimento.

Além da possível contaminação por secreções no momento do procedimento, estamos suscetíveis a contaminações por microrganismos presentes no ambiente, pois nosso contato é constante com sujidades do próprio homem, da água, do solo e do ar. Nessas partículas, pode-se ter a presença de agentes como vírus, bactérias e fungos, patogênicos ou não. Um exemplo é a própria pele humana, a qual possui bactérias que fazem parte de um sistema de defesa e não são maléficas ao organismo. No entanto, ao entrarem em contato com algum produto ou água, podem encontrar um ambiente propício para sua proliferação.

A mesma situação pode ser observada com microrganismos que vivem no ambiente. Por exemplo, em um produto exposto (aberto) por um período maior que o indicado, os agentes infecciosos podem encontrar um ambiente favorável para se proliferar e contaminar a substância, a qual posteriormente pode ser utilizada em algum paciente/cliente e ocasionar reações alérgicas – em casos mais graves, até mesmo infecções. A contaminação do produto pode incorrer em diversas alterações de cor e odor, bem como prejuízos em relação à sua própria eficiência.

Produtos expostos e/ou mal armazenados sofrem a ação de microrganismos que se proliferam, tornando seu uso inadequado. A melhor forma de armazenar tais produtos é nas embalagens originais, e estas devem ser adequadamente fechadas após sua utilização. Além disso, tampas e "bocas" precisam ser devidamente higienizadas. A limpeza deve ocorrer apenas na parte externa, e é possível recorrer a substâncias degermantes (ex.: álcool 70%), desde que não ofereçam risco de contaminação ao produto, ainda que por gases e vapores. Também é importante atentar à aparência da parte externa do frasco, que deve estar limpa e com informações legíveis. Não se recomenda transferir um produto de uma embalagem para outra, mesmo que se trate da mesma substância.

É fundamental utilizar espátulas, preferencialmente descartáveis, para retirar os produtos das embalagens (por ex., cremes), mas, caso não seja possível, então é preciso usar espátulas limpas e descontaminadas. Ou seja, não é permitido retirar com as mãos qualquer produto, devido à possibilidade de contaminação pela flora cutânea da pele.

Materiais, equipamentos, bancadas de trabalho, macas e cadeiras, entre outros materiais, devem ser higienizados em sua parte externa com produtos para higienização e desinfecção após cada atendimento. Os materiais que recobrem as macas, como os lençóis, devem estar sempre limpos. Estes podem ser de tecido ou descartáveis, mas devem ser substituídos a cada atendimento. Ou seja, é mandatório manter o ambiente de atendimento sempre higienizado. Para os procedimentos injetáveis, a assepsia do ambiente é ainda mais importante, bem como a esterilidade dos produtos e insumos, a fim de evitar contaminações (Teixeira, 2023).

A manutenção preventiva e corretiva de aparelhos, macas e demais equipamentos do local de trabalho também demanda atenção e é imprescindível para a segurança do profissional e do cliente. Por exemplo, uma maca que precisa passar por manutenção pode ser a causa de queda de um paciente, assim como um aparelho que utiliza calor, caso esteja desregulado, pode acarretar uma queimadura.

Existem várias substâncias que podem ser usadas para higienização, desinfecção e esterilização. Contudo, é preferencialmente importante fazer uso de materiais descartáveis – quando não for possível realizar a desinfecção com álcool 70% e/ou com produtos degermantes ou esterilizar em autoclave. Os produtos que não podem ser higienizados dessas formas devem ser porcionados em recipiente adequado.

Locais de práticas terapêuticas são considerados ambientes de saúde e devem ter atenção quanto à geração de seus resíduos. Estes se enquadram na categoria Resíduos de Serviços de Saúde (RSS) e, como tais, devem ter descarte, acondicionamento e destino final adequados, principalmente os resíduos do tipo A (potencialmente infectantes) e os perfurocortantes. O não cumprimento dessa obrigatoriedade implica multa e penalização do estabelecimento.

Entende-se por *perfurocortante* qualquer material que tenha a propriedade de perfurar, a exemplo de agulhas, escalpes, bisturis, ampolas de vidro abertas, lacres metálicos etc. Tais objetos devem ser acondicionados em coletores de perfurocortantes e recolhidos por empresas especializadas, juntamente com os resíduos potencialmente infectantes. O descarte incorreto de tais resíduos coloca em risco equipes de higienização, trabalhadores da coleta pública de lixo, catadores, animais e o meio ambiente.

1.5.1 Paramentação e desparamentação

Os procedimentos de paramentação e desparamentação podem ser de grande risco para os profissionais de saúde quando realizados inadequadamente, podendo se tornar um dos principais meios de infecção, devido à exposição constante a patógenos. O principal motivo para isso está no manejo inadequado dos EPIs. Nessa ótica, para facilitar a realização desses procedimentos, é recomendado acompanhar uma sequência: no momento da paramentação, ou seja, de colocada dos EPIs, a indicação é seguir esta ordem:

- higienizar as mãos com água e sabão ou solução alcoólica a 70%;
- vestir jaleco ou avental;
- colocar a máscara cirúrgica;
- inserir os óculos ou protetor facial;
- calçar as luvas.

Já para a desparamentação, esta é a ordem de retirada dos EPIs:

- luvas;
- jaleco ou avental;
- óculos ou protetor facial;
- máscara cirúrgica.
- Por fim, deve-se proceder à higienização das mãos com água e sabão ou solução alcoólica a 70%.

É nessa etapa que muitos profissionais de saúde se contaminam. Logo, além de retirar os EPIs na ordem indicada, é importante que o profissional considere que, em tese, tudo está contaminado. Portanto, é fundamental: não tocar sem luvas nas áreas possivelmente contaminadas; não retirar as luvas inserindo um dedo dentro delas; não encostar na parte de fora da máscara – isto é, deve-se retirá-la somente pelos elásticos; remover os óculos pelas hastes e laterais; retirar a touca sem encostar nos cabelos; evitar tocar os aventais e capotes no lado externo; descartar os EPIs em locais apropriados (resíduos potencialmente infectantes); higienizar as mãos.

1.5.2 Segurança do paciente e gerenciamento de erros

Todos nós estamos sujeitos a cometer erros ao longo de nossa trajetória profissional. Entretanto, é cultural negar essa possibilidade aos profissionais da saúde.

Quando há erro na assistência em saúde, ele consiste na falha de execução de uma ação planejada de acordo com o que se deseja no momento do contato com o paciente ou no desenvolvimento incorreto em relação ao que havia sido previsto. Independentemente de onde o erro tenha acontecido, sempre se trata de uma oportunidade de rever e melhorar o processo.

Para finalizar o capítulo, apresentamos, na sequência, alguns exemplos de onde observamos falhas em medidas de biossegurança ou na execução dos procedimentos que impactam diretamente a saúde do paciente:

- identificação errada do paciente;
- troca de pacientes em procedimentos;
- extravio de prontuário;

- utilização de produtos, dispositivos ou materiais contaminados com algum patógeno;
- alimento ou água contaminados;
- falta ou má higienização das mãos do profissional antes de qualquer procedimento;
- falta ou mau uso de EPIs (ex.: luvas de procedimentos);
- contaminação cruzada;
- infecção cruzada etc.

Considerando o exposto, entendemos que a biossegurança em qualquer ambiente é fundamental. No entanto, em serviços de saúde, ela é obrigatória, já que os efeitos da falta ou do seu uso inadequado são muito diretos e podem acarretar graves problemas tanto para o profissional quanto para o paciente.

Síntese

Neste capítulo, abordamos especialmente a gestão de biossegurança no que diz respeito à administração dos riscos ambientais que possam facilitar o acontecimento de um acidente ou de uma doença ocupacional. Nos serviços de saúde, a biossegurança também deve ser analisada por outra perspectiva: a da assistência ao paciente, já que ele, tanto quanto o profissional, também está exposto aos riscos ambientais de um ambiente que, devido às suas características, é considerado insalubre.

Na grande maioria dos locais em que são prestados serviços de saúde, incluindo as práticas terapêuticas, existem agentes referentes aos cinco grupos de risco: físicos, ergonômicos, mecânicos/de acidente e, em maior intensidade, químicos e biológicos. Assim, por conta da particularidade dessas localidades, é necessário seguir as orientações presentes na NR-32, além das demais pertinentes.

A biossegurança não é exclusiva da área da saúde, mas nessa esfera ela se faz especialmente indispensável. Isso porque sua ausência pode acarretar danos com sequelas irreversíveis e, até mesmo, óbitos. Nessa perspectiva, ela nos oferece várias ferramentas e regras que, usadas corretamente, são eficientes. Logo, ainda que existam riscos ambientais, ou diante da possibilidade de serem cometidos erros na assistência em saúde, estes podem ser controlados por meio do gerenciamento adequado.

Questões para revisão

1. Os Equipamentos de Proteção Individual (EPIs) e Coletiva (EPCs) são fundamentais para proteger a integridade física dos profissionais. A esse respeito, relacione corretamente as colunas a seguir:

   I) EPI   ( ) Jaleco
   II) EPC   ( ) Luvas de procedimento
                      ( ) Extintor de incêndio
                      ( ) Corrimão de escada

   Agora, marque a alternativa que apresenta a sequência correta:

   a) I, I, I e II.
   b) I, II, I e II.
   c) II, II, I e I.
   d) I, I, II e II.
   e) II, II, II e I.

2. Leia a frase a seguir:

> É a característica inata de um equipamento, uma substância ou um ambiente causar um acidente.

Ela se refere à definição de:
a) acidente de trabalho.
b) perigo.
c) risco.
d) doença ocupacional.
e) evento adverso.

3. Qual é o local correto para fazer o descarte dos perfurocortantes?
a) Na lixeira de resíduos potencialmente infectantes.
b) No lixo comum.
c) Com os resíduos químicos.
d) No coletor de perfurocortantes.
e) Junto a quaisquer resíduos, ou seja, não há especificações.

4. Por que a biossegurança é indispensável nos serviços de saúde?

5. É possível afirmar que todos os riscos ambientais podem ser eliminados e/ou que nenhum profissional de saúde cometerá um erro quando da assistência em saúde?

Questão para reflexão

1. Em sua opinião, qual é a importância da gestão da biossegurança em ambientes de saúde? Reflita a respeito disso.

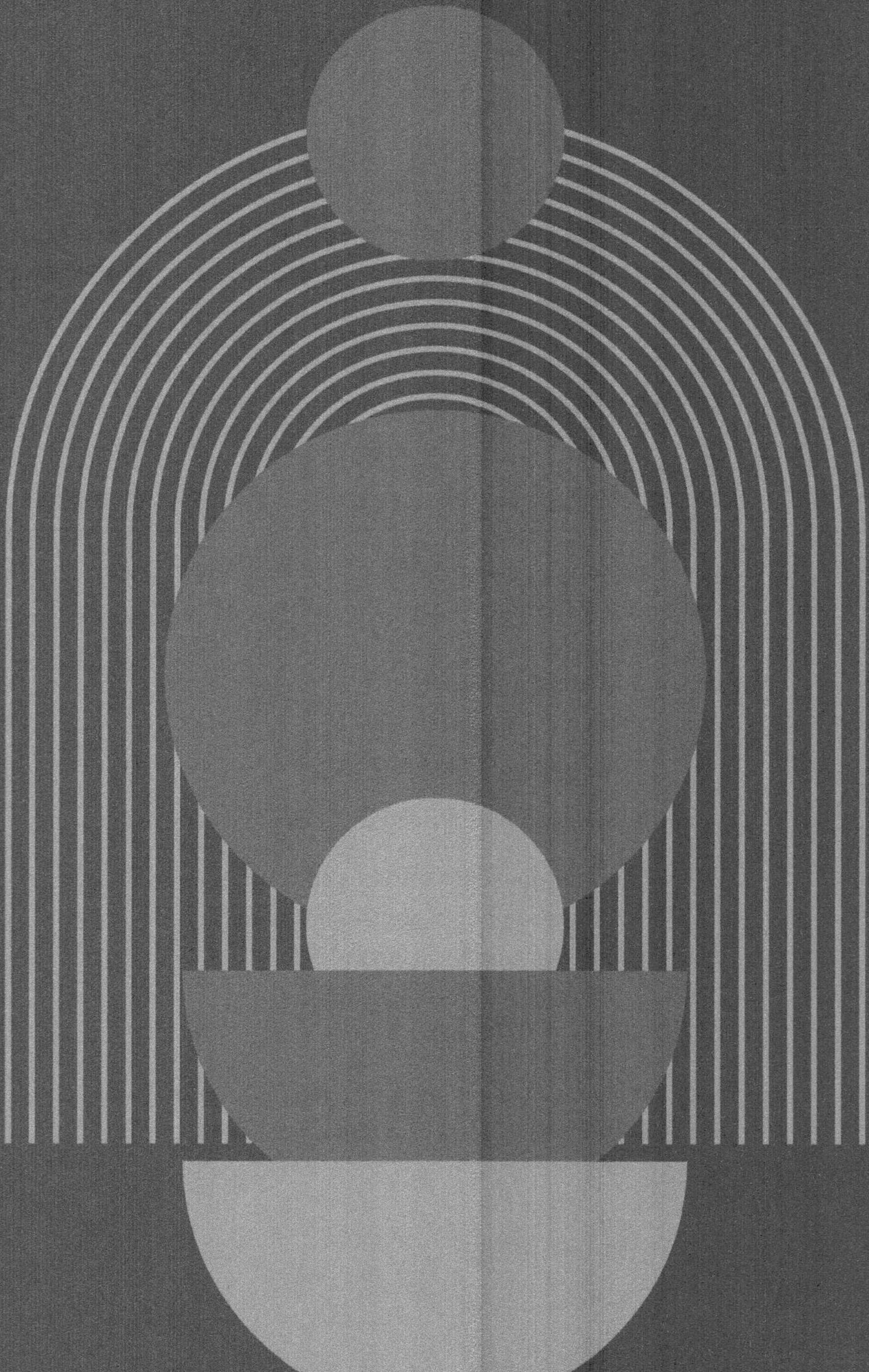

Capítulo 2
Bioética

Patrícia Rondon Gallina

Conteúdos do capítulo:

- Contexto histórico da bioética.
- Princípios da bioética.
- Ética em pesquisa com seres humanos.
- Bioética em saúde pública.
- Dilemas bioéticos.

Após o estudo deste capítulo, você será capaz de:

1. entender a construção da bioética por meio de seu contexto histórico;
2. definir os conceitos da teoria dos princípios e da teoria das referências;
3. compreender a relação entre a ética e a pesquisa com seres humanos;
4. analisar as necessidades do cuidado e da ética no âmbito da saúde pública;
5. identificar os principais problemas éticos envolvendo a vida humana.

O que rege a conduta humana? Como saber o que é considerado válido para construir os princípios morais da humanidade? Quais são os parâmetros para definir o que é lícito ou ilícito?

Talvez você já tenha feito essas perguntas a si mesmo, e o objetivo deste capítulo é permitir que você compreenda melhor a bioética e, dessa maneira, consiga encontrar as respostas adequadas para tais questionamentos.

A ética é norteada por dois caminhos centrais: no primeiro, ela é baseada em resultados e consequências; no segundo, ela se calça em intenções e deveres. Rotineiramente, os dois modelos estão fundidos, e, especialmente na saúde, ambos devem caminhar juntos, pautando a decisão profissional.

2.1 Contexto histórico da bioética

Os primeiros dados históricos sobre a conduta moral da humanidade foram encontrados nos registros de epopeias homéricas de aproximadamente 850 a.C., as quais revelavam as virtudes da nobreza, características daqueles que eram bem-nascidos. Na Grécia antiga, acreditava-se que a ética era o leme capaz de conduzir a vida. Para os gregos, a ética de um indivíduo poderia auxiliá-lo a assumir responsabilidades e suas consequências individuais e coletivas. Tal postura estava diretamente relacionada aos conceitos de beleza e saúde do corpo. Assim, apenas se esses três aspectos (ética, beleza e saúde do corpo) estivessem unidos e funcionando em conjunto é que o homem conseguiria alcançar a excelência, o viver belo e feliz ao qual era destinado por natureza.

O ser humano é o resultado de uma série de fatores, tais como sentimentos, necessidades, paixões, medos e angústias, os quais decorrem ou não de suas experiências. Porém, não podemos permitir que a vida seja guiada apenas por essas vivências. Quando nascemos, ainda não temos noções éticas. Portanto, estamos sujeitos aos cuidados de nossos pais e, consequentemente, dependemos do processo de construção de valores, hábitos e costumes. É por meio da prática educativa que a ética individual se forma, com base na moral vigente da sociedade em que estamos inseridos.

Moral e ética apresentam conceitos distintos. Sob o olhar didático, a moral consiste no conjunto de valores, costumes e hábitos. Ela é suscetível à mudança de tempo, ou seja, pode ser moldada conforme a época em que se vive ou de acordo com diferentes lugares e conceitos históricos, além de sofrer influência cultural.

A ética, por sua vez, faz referência ao pensamento crítico vinculado a um conjunto de valores morais que foram adaptados por um povo. Assim, cabe à ética validar a moral, sendo a responsável por levantar questionamentos acerca da conduta moral e determinar se esta deve ou não ser modificada no contexto individual ou coletivo.

Com origem nas palavras gregas *ethikè* (*ética*) e *bio* (*vida*), a bioética é definida como a ciência que estuda a sobrevivência humana. O termo *bioética* foi utilizado pela primeira vez em 1970 pelo médico oncologista Van Rensselaer Potter.

O objetivo de Potter era criar uma ciência capaz de discutir os aspectos éticos voltados para o ponto de vista da vida humana e dos ecossistemas considerando os avanços tecnológicos, que nem sempre possibilitam ações aceitáveis com base na ética. Nesse contexto, a bioética visa promover a saúde e fornecer qualidade para a sobrevivência humana, unindo os conhecimentos de outras ciências, como sociologia, filosofia, antropologia e biologia. Ainda, ela pode ser entendida como uma área de estudo que foca nos princípios éticos e morais na pesquisa científica e na área médica. A princípio, tal ciência não foi muito bem aceita e difundida. Isso porque se acreditava que ela trazia uma visão limitada a respeito da ética biomédica, embora outros documentos já tivessem sido elaborados com o intuito de proteger a vida humana de uma perspectiva bioética, tais como o Código de Nurenberg e a Declaração de Helsinque.

Entretanto, foi somente com a elaboração de uma comissão norte-americana, aprovada pelo senado para elaborar princípios éticos a serem adotados em pesquisas biomédicas realizadas com seres humanos que respaldassem a relação saúde-paciente e médico-paciente, que o paradigma da bioética passou a ser explorado em maior profundidade.

Tal comissão foi responsável pela criação do Relatório de Belmont após a investigação de um experimento realizado no Hospital de Tuskegee, no Alabama, em que cerca de 400 homens negros com o diagnóstico de sífilis foram mantidos intencionalmente com a doença apenas para que se observasse o curso natural da doença não tratada. Com a criação desse documento, foram definidos os princípios norteadores da bioética, sendo eles: a beneficência (mais tarde, a não maleficência), a justiça e a autonomia. Ao longo deste capítulo, vamos nos debruçar sobre tais princípios.

No Brasil, as pesquisas envolvendo seres humanos seguem a Resolução n. 196, de 10 de outubro de 1996 (Brasil, 1996), promulgada pelo Conselho Nacional de Saúde (CNS), órgão responsável por aprovar e regulamentar as pesquisas com base em documentos internacionais de caráter bioético, como a Declaração de Helsinque, o Código de Nuremberg, a Declaração Universal dos Direitos Humanos (DUDH) e, ainda, os Códigos Civil e Penal, a Constituição Brasileira, o Estatuto da Criança e do Adolescente (ECA) etc.

2.1.1 Código de Nuremberg e Declaração de Helsinque

Diversos documentos históricos compõem a base da bioética e até hoje são utilizados para a elaboração de normativas que visam à proteção da vida humana. Entre esses documentos, um dos mais antigos, e considerado o mais simbólico, é o Código de Nuremberg (2023), desenvolvido em agosto de 1947.

O código em questão foi criado por juízes norte-americanos e foi utilizado como base para julgar médicos nazistas que tinham cometido crimes de guerra. O julgamento desses profissionais começou em dezembro de 1946 e se estendeu até julho de 1947, contando com 23 réus, sendo que apenas três deles não eram médicos. Essas pessoas foram acusadas de cometer crimes mediante experimentos de pesquisa que, frequentemente, mostravam-se fatais, realizados em prisioneiros de guerra (Código de Nuremberg, 2023).

Os réus apresentaram uma defesa sustentada em ordens estatais de que as experiências deveriam ser realizadas nos campos de concentração de Dachau, na Alemanha, a fim de proteger e de tratar melhor os soldados, considerando, ainda, que o bem coletivo do Estado deveria prevalecer sobre o dos indivíduos. No entanto, os juízes de Nuremberg alegaram que, apesar da atuação do Estado, os médicos ainda seriam responsáveis pelo fato de não terem promovido suas experiências segundo o juramento de Hipócrates, cujo princípio é o da não maleficência – ou seja, da obrigação de não causar mal ao paciente. Além disso, na argumentação dos juízes, tal juramento deveria ser soberano no exercício da profissão. Assim, apenas sete réus foram absolvidos, e dos dezesseis considerados culpados, cinco foram condenados à prisão perpétua e sete à pena de morte (Código de Nuremberg, 2023).

Nesse julgamento, ficou claro que ainda que se conhecesse a importância do juramento hipocrático dos médicos, este não seria unicamente suficiente para resguardar a vida dos pacientes, especialmente dos voluntários de pesquisa. E foi nesse contexto que os componentes do magistrado elaboraram o Código de Nuremberg, que contém dez princípios centrados no sujeito da pesquisa, e não mais no pesquisador (Código de Nuremberg, 2023).

O documento em questão estabelece a autonomia ao paciente, para que este seja capaz de se proteger, e parte dos seguintes princípios (Código de Nuremberg, 2023):

i. É essencial o consentimento do voluntário, ou seja, o sujeito da pesquisa deve exercer o livre direito de escolha.
ii. Todo experimento de pesquisa deve produzir resultados vantajosos para a sociedade que não possam ser atingidos por outros métodos.
iii. Todo experimento deve ser anteriormente promovido em animais, a fim de que seja possível conhecer o curso da doença, e os resultados necessariamente precisam justificar a realização do experimento.
iv. Qualquer experimento deve ser conduzido com vistas a reduzir o sofrimento físico e mental desnecessário.
v. Nenhum experimento deve ser levado adiante quando existirem razões para acreditar que ele pode ocasionar morte ou invalidez permanente.
vi. É mandatório tomar cuidados especiais para evitar que danos maiores, como invalidez e/ou morte, possam ocorrer.

vii. Os experimentos só podem ser realizados por pessoas de alto nível científico de qualificação.
viii. O grau de risco da pesquisa deve ser avaliado e será aceitável somente quando sua importância for humanitária.
ix. O sujeito da pesquisa tem o direito de se retirar quando considerar que não tem mais condições físicas ou mentais para seguir com os procedimentos.
x. O pesquisador deverá suspender seus experimentos em qualquer estágio tão logo perceba que a continuidade de sua pesquisa possa acarretar dano, invalidez ou morte do participante.

Embora o Código de Nuremberg (2023) tenha adquirido grande notoriedade, boa parte dos médicos pensavam que ele se aplicava apenas aos nazistas ou aos médicos "maus". Portanto, ele não teria relação com a prática médica real da maioria dos médicos norte-americanos. Por esse motivo, os princípios que regeram sua confecção não foram capazes de sensibilizar a comunidade médica, de modo que não foram adotados no dia a dia da profissão. Infelizmente, à época, o código era visto como irrelevante, pois, em tese, seria aplicado somente aos "bárbaros", e não a pesquisadores comuns.

No entanto, mesmo que o primeiro princípio proposto no código tratasse justamente do consentimento do sujeito da pesquisa, diversos experimentos perversos e abusivos foram cometidos em comunidades vulneráveis e minorias étnicas ao longo das décadas de 1960 e 1970. O descaso ético da medicina, pautado na ciência médica como entidade pura e livre, ignorou o legado das conquistas de Nuremberg durante 20 anos. Essa lacuna temporal permitiu que a sociedade passasse a enxergar o mau uso da pesquisa clínica como algo concreto. Sob essa ótica, denúncias de imprudências e maus-tratos passaram a ser investigadas fora do contexto de guerra.

Nesse contexto, ocorreu um marcante episódio referente à Síndrome da Talidomida, que teve início na Europa Ocidental, mas que acabou atingindo especialmente os Estados Unidos. Cerca de 20.000 mulheres foram submetidas a testes de eficácia do medicamento talidomida, sendo que a maioria delas desconhecia estar participando da pesquisa tampouco tinha consentido o experimento.

Todos os problemas éticos envolvendo o uso da talidomida associados aos problemas de malformação congênita nos fetos impressionaram a opinião pública. Em razão desse evento, as entidades de controle de medicamentos começaram a considerar principalmente a segurança de novas drogas, e não apenas a eficácia dos medicamentos. Ou seja, era necessário guiar a aprovação de novas drogas com base nos efeitos benéficos de modo coletivo, e não individual.

Com a repercussão da Síndrome da Talidomida e outros relatos de abusos em pesquisas com grupos dos chamados "subumanos" (formados por portadores de deficiências mentais, presidiários, idosos, recém-nascidos com atraso evolutivo e internos de hospitais de caridade), tornou-se necessário limitar a atuação médica nos campos assistencial e da pesquisa clínica.

Foi nesse panorama de dúvida e medo que, em 1964, a World Medical Association (WMA) – em português, Associação Médica Mundial – instituiu a Declaração de Helsinque, um documento sobre a conduta médica e de outros participantes de pesquisas clínicas envolvendo seres humanos. Tal declaração passou a ser a mais importante regulamentação em pesquisa clínica e, até o momento, já passou por cinco revisões, a fim de se manter atualizada à luz da evolução do conhecimento científico. Contudo, nenhuma atualização alterou seu cerne original vinculado à defesa e à proteção dos direitos humanos. Além disso, diferentemente da imagem associada ao Código de Nuremberg (um julgamento de crimes do passado), a Declaração de Helsinque se projeta para o futuro, como um guia ético obrigatório para a comunidade científica.

2.2 Princípios da bioética

Diversas teorias e abordagens foram criadas para lidar com dilemas morais complexos que envolvem a vida e o bem-estar dos indivíduos. Duas teorias fundamentais desenvolvidas para acompanhar a evolução da bioética são a teoria dos princípios e a teoria das referências. Ambas são complementares e oferecem valiosas perspectivas para a análise e a resolução de dilemas bioéticos.

Enquanto a teoria dos princípios fornece uma estrutura conceitual sólida baseada em princípios éticos universais, a teoria das referências enfatiza a importância do cuidado e das relações humanas no processo de tomada de decisões. Juntas, elas consistem em uma base ética abrangente para o campo da bioética, auxiliando na busca por soluções justas e moralmente adequadas diante dos desafios enfrentados na prática clínica e na pesquisa biomédica.

2.2.1 Teoria dos quatro princípios

Como citado anteriormente, após a identificação da má conduta bioética ocorrida em Tuskegee, a comissão criada para a proteção de participantes de pesquisa clínica elaborou o Relatório de Belmont (2023), documento responsável por definir os princípios norteadores da bioética clínica, a saber:

- **Conceito de respeito à autonomia**: Este princípio faz referência à noção de respeito às pessoas enquanto indivíduos, contanto que não haja interferência na vida de outros. É responsável por fundamentar o consentimento informado entre pacientes e profissionais da saúde. Contudo, para que seja válido, algumas condições devem ser respeitadas, a exemplo da compreensão do paciente sobre o procedimento a ser realizado.
- **Conceito de não maleficência**: Serve como orientação efetiva aos profissionais da saúde e se origina do juramento de Hipócrates, de longa tradição na área médica. Este princípio exige que não se cause nenhum dano ao paciente ou mal às pessoas. Ou seja, trata-se de não matar, não causar dor e não ofender. Isso porque se parte do entendimento de que o dano se aplica tanto a aspectos físicos como mentais.
- **Conceito da beneficência**: Princípio responsável por determinar ações que visam promover o bem. Diferentemente do princípio anterior, não cabem sanções quando esse princípio não é seguido, pois as regras sugeridas nesse caso são formuladas de maneira positiva.
- **Conceito de justiça**: Princípio que versa sobre a justiça distributiva, por meio da qual é possível promover uma distribuição igualitária, apropriada e equitativa para toda a sociedade.

2.2.2 Teoria das referências

Com o passar dos tempos, percebeu-se que a teoria dos quatro princípios era importante e necessária, mas insuficiente. Desse modo, aos poucos, em situações bioéticas mais complexas, foram surgindo outras expressões, tais como *bioética autonomista*, *bioética teórica, bioética prática, bioética metafísica, bioética individualista* ou *comunitarista, bioética política* etc., com a intenção de fragmentar algo que só faria sentido ao ser visto em sua totalidade.

É importante ressaltar que os princípios evidenciados pelo Relatório de Belmont já tinham sua presença e importância estabelecidas, por serem baseados em antigos postulados, tais como o juramento hipocrático, que existia há mais de 25 séculos. No entanto, esse modelo ainda deixava muitos espaços a serem preenchidos, a exemplo do fato de não incluir outras temáticas possíveis, como vulnerabilidade, responsabilidade, confidencialidade e solidariedade ou, ainda, de os princípios serem considerados como deveres ou direitos.

A esse respeito, devemos pressupor que a ética consiste em uma reflexão crítica de valores. Portanto, podemos afirmar que a beneficência e a não maleficência são predominantemente consideradas como deveres, ao passo que a autonomia e a justiça são, predominantemente, direitos.

Nesse contexto, enfatizamos que a bioética não pode ser compreendida como um "quadrado fechado", isto é, que não admite condições, conceitos e outras variáveis. Pelo contrário, a atividade bioética deve optar por ponderar as constantes que são fruto de reflexão e juízo crítico. Isso significa que o campo da bioética precisa ser enxergado à luz de referências, e não de princípios.

Sob essa perspectiva, a fim de evitar o modelo quadrado construído pelo conceito principialista, foi criado o modelo de referências, o qual se assimila a um círculo aberto no qual seria possível encaixar, além dos quatro princípios anteriores, os seguintes: qualidade de vida; privacidade; solidariedade; responsabilidade; vulnerabilidade; confidencialidade; fraternidade; e sobrevivência.

Esses referenciais criam pontes para a reflexão crítica. Isso porque não são vistos de modo linear e atrelados entre si. Pelo contrário, eles são entendidos livremente, para que possam interagir com a situação bioética em análise. Nesse sentido, deveres, direitos e valores podem atuar de maneira inter e transdisciplinar, agregando não apenas às ciências biológicas, mas também a outras áreas do conhecimento.

2.3 Ética em pesquisa com seres humanos

Como abordamos anteriormente, os abusos cometidos especialmente nos Estados Unidos foram responsáveis por dar início a uma série de normas de conduta, códigos de ética e regulamentações com o objetivo de coibir práticas de abuso. No Brasil, o CNS foi responsável pela criação do Conselho Nacional de Ética em Pesquisa (Conep), o qual, por sua vez, criou a Resolução CNS n. 1, de 13 de junho de 1988, responsável por estabelecer parâmetros éticos em pesquisas com seres humanos (Brasil, 1988a). Posteriormente, essa resolução foi substituída pela Resolução CNS n. 196/1996, a qual propôs que as instituições que desenvolvem pesquisa no país deveriam contar com um Comitê de Ética em Pesquisa (CEP). Esse órgão, em conjunto com o Conep, é responsável por promover o controle social na ética em pesquisa com seres humanos, o que, de acordo com o texto legal em questão, pode ser definida como a "pesquisa que, individual ou coletivamente, envolva o ser humano, de forma direta ou indireta, em sua totalidade ou partes dele, incluindo o manejo de informações ou materiais" (Brasil, 1996).

Atualmente, o Brasil conta com aproximadamente 475 CEPs de universidades ou hospitais públicos e privados, todos obrigatoriamente cadastrados no Conep. Tais comitês devem analisar os protocolos de pesquisa, ponderando os possíveis conflitos decorrentes das propostas, sempre promovendo o diálogo aberto e sem represões ou sanções. Esse trabalho é realizado por um colegiado multi e transdisciplinar formado por médicos, enfermeiros, nutricionistas, farmacêuticos, fisioterapeutas e outros profissionais ligados às áreas sociais, de exatas e de humanas, bem como por um representante da comunidade.

Portanto, o pesquisador que deseja iniciar uma pesquisa com seres humanos tem que enviar a documentação que comprove os procedimentos científicos e éticos a serem empregados. Dessa forma, será gerado um protocolo para a realização da pesquisa a ser analisada pelo CEP. De acordo com a Resolução CNS n. 196/1996, o protocolo precisa ser composto pelos seguintes elementos:

- folha de rosto, a ser preenchida no *site* do Sistema Nacional de Informação sobre Ética em Pesquisa envolvendo Seres Humanos (Sisnep);
- descrição da pesquisa a ser realizada, com todas as informações referentes ao sujeito de pesquisa;
- *curriculum vitae* que demonstre a qualificação do pesquisador e dos demais envolvidos no projeto;
- termo de compromisso da instituição e do pesquisador que atestem o cumprimento da resolução em questão (Brasil, 1996).

2.3.1 Elaboração de projeto de pesquisa

Para que uma pesquisa com seres humanos seja realizada, é necessário elaborar um projeto de pesquisa a ser submetido ao CEP. A esse respeito, apresentamos, a seguir, os principais aspectos a serem abordados nesse projeto, a fim de evitar a ocorrência de desvios éticos:

- **Intenção do pesquisador**: Toda pesquisa surge da necessidade de um pesquisador de esclarecer algo que foi observado/sentido e que lhe cause angústia. Assim, o objetivo com a realização de tal projeto é buscar respostas para questionamentos ainda não esclarecidos. Essa proposta deve ter um caráter ético, ou seja, uma motivação legítima, na intenção de desvendar fenômenos desconhecidos. Trata-se, portanto, de evitar a promoção de pesquisas que configurem falta de ética devido a fins exclusivamente pessoais.
- **Rigor metodológico**: A construção da revisão de literatura tem de levar em conta artigos científicos, livros, dissertações, teses, entre outros textos de alto rigor metodológico, para garantir que as referências e citações sejam adequadas – evitando, assim, a incorrência de plágio. Dito de outro modo: se o pesquisador é incapaz de seguir os requisitos metodológicos adequadamente, ele também não será capaz de atender aos prerrequisitos éticos em pesquisa.
- **Autoridade da pesquisa**: O pesquisador deve ser devidamente qualificado para tal, assumindo a capacidade de se responsabilizar publicamente pelo seu trabalho. Portanto, é terminantemente proibido que coordenadores ou preceptores de instituições vinculados à produção científica pressionem os pesquisadores a desenvolverem conteúdos com o intuito de aumentar o número de publicações da organização. Outro

aspecto importante a ser observado diz respeito à participação fundamental dos orientadores de pesquisa: embora existam pesquisadores autossuficientes, a maioria dos discentes não têm habilidades suficientes para, sozinhos, conduzirem o estudo, especialmente em se tratando de pesquisa para a obtenção de título de graduação, especialização ou mestrado.

2.3.2 Consentimento livre e esclarecido

De acordo com a Resolução CNS n. 196/1996, o termo de consentimento livre e esclarecido é definido como a

> anuência do sujeito da pesquisa e/ou de seu representante legal, livre de vícios (simulação, fraude ou erro), dependência, subordinação ou intimidação, após explicação completa e pormenorizada sobre a natureza da pesquisa, seus objetivos, métodos, benefícios previstos, potenciais de riscos e o incômodo que esta possa acarretar, formulada em um termo de consentimento, autorizando sua participação voluntária na pesquisa. (Brasil, 1996)

Esse termo é uma exigência prevista pelos códigos de ética nacionais e internacionais. Qualquer pesquisa envolvendo seres humanos só poderá ser levada adiante com a obtenção desse documento assinado por todos os sujeitos de pesquisa, embora nem sempre seja simples conseguir todas as assinaturas.

É importante ressaltar que são três os fatores considerados em relação ao consentimento: vontade, competência e informação. Nessa perspectiva, o termo deve contar com informações adequadas, que permitam ao usuário compreender a razão de ser da pesquisa e, assim, decidir entre participar dela ou não. Isso significa que ele não poderá aceitar participar por respeito ao pesquisador ou por uma relação de dependência com este, uma vez que o consentimento deve ser livre e em nada interferir na decisão do participante.

Além disso, é necessário que esse documento seja redigido com uma linguagem acessível em duas vias, sendo uma para o pesquisador e outra para o participante. No caso de este ser considerado vulnerável, ou seja, não possuir a capacidade de defender seus próprios interesses, o termo poderá ser assinado por outra pessoa que disponha de uma procuração legal que lhe conceda a responsabilidade pela decisão.

2.3.3 Relação risco *versus* benefício

Todo pesquisador deve realizar uma análise crítica a respeito dos riscos e benefícios que a pesquisa a ser realizada pode gerar à comunidade, já que ela terá de conviver com o avanço científico, seja este benéfico ou não.

Entende-se como *risco* a probabilidade de dano que pode ser ocasionado. Sob essa ótica, toda pesquisa está sujeita a acarretar algum nível de dano eventual ou permanente, de natureza social, moral, física, psicológica, intelectual, cultural ou econômica. Assim, na intenção de procurar reduzir a ocorrência de danos, é preciso proceder a uma avaliação prévia dos riscos, por meio de testes *in vitro* ou com animais. Nesses casos, as reações adversas observadas poderão ser utilizadas como parâmetros para estabelecer a continuidade da pesquisa (com cuidados extras ou não) ou a suspensão.

No Brasil, qualquer pesquisa que gere dano aos participantes deve ser suspensa de imediato. Ainda, no caso de métodos mais vantajosos estarem disponíveis, a pesquisa também terá de ser interrompida e os participantes deverão ter acesso integral ao novo método.

Por fim, se algum dano for causado ao sujeito da pesquisa, este terá direito à assistência integral ou à indenização, independentemente de o dano estar ou não previsto no termo de consentimento.

2.4 Bioética em saúde pública

O conceito de saúde e as formas de promovê-la passaram por uma extensa evolução. Nessa perspectiva, desde 1948, a Organização Mundial da Saúde (OMS, citada por Pferl, 2021) passou a entender a saúde como "um estado completo de bem-estar físico, mental e social, e não apenas a ausência de doenças". Essa afirmação nos leva a refletir sobre condições de vida e de trabalho que possam influenciar positiva ou negativamente a saúde.

Partindo dessa noção, faz-se necessário considerar fatores que afetarão direta ou indiretamente a saúde, tais como a atividade profissional, a segurança pública, a renda familiar, a rotina, os hábitos alimentares etc. Como sabemos que tanto existem fatores facilitadores como obstáculos para que tenhamos uma boa saúde, não é difícil chegar ao entendimento de que a saúde é coletiva, e não individual.

Partindo do princípio de que a saúde pública é o resultado do que a sociedade faz coletivamente para assegurar condições nas quais as pessoas possam viver de maneira saudável, a OMS (citada por Barchifontaine, 2016) define como *saúde pública*

> a ciência e a arte de prevenir enfermidades, melhorar a qualidade, a esperança de vida, e contribuir para o bem-estar físico, mental, social e ecológico da sociedade. Isso se alcança mediante o esforço concentrado da comunidade que permita o saneamento e a preservação do meio ambiente, assim como o controle das enfermidades.

Esse contexto demanda da atenção à saúde para diagnóstico e tratamento precoces das enfermidades o conhecimento de princípios de higiene que possibilitem a todos participar no melhoramento da saúde individual e coletiva.

2.4.1 Políticas de saúde

De acordo com a Constituição Federal (Brasil, 1988b), em seu art. 196, a saúde é considerada um direito de todos os cidadãos, e é dever do Estado promovê-la. Por essa razão, foi promulgada a Lei n. 8.080, de 19 de setembro de 1990, responsável pela criação e implementação do Sistema Único de Saúde (SUS) (Brasil, 1990). Além da prestação de serviços em saúde, o SUS também é responsável por integrar ações de saúde, articulando a prevenção de doenças, ações de cura, a reabilitação e a promoção da saúde, seguindo as diretrizes de integralidade, descentralização e participação social:

i. **Integralidade**: Diz respeito à saúde de forma integral em todos os seus âmbitos de complexidade, promovendo ações preventivas e de assistência individual ou coletiva.
ii. **Descentralização**: Remete à disposição espacial dos serviços de saúde, atendendo às necessidades da população em todas as regiões mediante a distribuição de recursos e as responsabilidades de cada esfera do governo.
iii. **Participação social**: Refere-se ao controle dos diversos responsáveis pela saúde, incluindo os próprios usuários, por meio dos conselhos de saúde e, também, por órgãos da iniciativa privada. Ambos devem assumir o compromisso pelo sistema de saúde brasileiro.

2.4.2 Conflitos bioéticos sobre recursos escassos e justiça distributiva

É possível afirmar que todo investimento em saúde é justificável, porque visa proteger e promover a saúde. Contudo, não é raro nos depararmos com recursos técnicos ou humanos escassos ou limitados. Nesse contexto, legisladores, gestores e prestadores de serviços em saúde são obrigados a enfrentar dilemas éticos relacionados à locação dos recursos disponíveis – isto é, fatores como o processo de envelhecimento populacional, a desigualdade social e a rápida urbanização podem dificultar a tomada de decisão.

Sob essa perspectiva, é possível questionar: Quais parâmetros e critérios éticos devem orientar a justa distribuição de recursos no campo da saúde? Nesse sentido, é comum recorrermos ao princípio de utilidade social, de acordo com o qual se faz preciso investir em intervenções capazes de proporcionar maiores benefícios e menores custos ou danos ao maior número de pessoas possível.

Dessa maneira, há como justificar, por exemplo, as campanhas de imunização para um grande número de doenças. Ou seja, ainda que parte da população não seja exposta aos riscos de determinada enfermidade, considera-se que os benefícios da imunização são superiores e, além disso, evitam maiores gastos com tratamentos, quando estes são necessários.

Por outro lado, o princípio de utilidade social, cujo ideal é maximizar os benefícios à saúde, pode acabar ignorando os mais vulneráveis, isto é, os integrantes das minorias sociais. Isso porque essas parcelas sociais ficam às margens dos investimentos, o que contraria o previsto no princípio de equidade estabelecido pelo SUS, que confirma a igual dignidade de todos os seres humanos. Por isso, é necessário priorizar os territórios povoados por pessoas socialmente vulneráveis, de modo a reduzir a desigualdade, bem como prezar pela realização de ações diagnósticas e terapêuticas relacionadas a doenças crônicas que acometem uma grande parcela da população, a fim de reduzir os altos custos provenientes das complicações de tais enfermidades.

2.5 Dilemas bioéticos

Na prática clínica, muitas questões exigem a tomada de decisão fundamental não apenas no que diz respeito a recursos tecnológicos, mas também na esfera da ética. Isso porque a saúde corresponde a um campo diretamente relacionado ao início e ao fim da vida, o que contribui para que os profissionais da área frequentemente se deparem com dilemas éticos referentes a momentos críticos da existência humana. Por essa razão, a seguir, abordaremos os principais dilemas bioéticos que envolvem o nascimento, a vida e sua finitude.

2.5.1 Dilemas bioéticos sobre a vida

Neste subcapítulo, discorreremos sobre temas vinculados aos dilemas bioéticos da vida. Alguns deles já são relativamente aceitos na sociedade atual, mas, no passado, foram alvo de muitas polêmicas. Outros, por sua vez, ainda representam situações conflituosas, pois envolvem decisões que podem ser contrárias aos valores compartilhados por integrantes de determinados segmentos sociais.

Aborto

Segundo o Código Penal brasileiro – Decreto-Lei n. 2.848, de 7 de dezembro de 1940 (Brasil, 1940) –, o aborto consiste na interrupção intencional ou espontânea da gestação antes que o feto complete 22 semanas. De um ponto de vista jurídico, o aborto provocado é considerado um ato criminoso, independentemente do tempo de gestação. Segundo a legislação (Brasil, 1940), essa ação é vista como aceitável apenas em três casos:

- quando não houver outro meio de salvar a vida da gestante;
- quando a gravidez for resultado de um estupro e o aborto tem o consentimento da gestante;
- quando a gestante for considerada menor de idade e/ou incapaz.

Além disso, podemos citar a medicina preditiva, cujo objetivo reside na descoberta antecipada de certas patologias que podem causar a malformação do feto durante a gestação. Nesse caso, existe o amparo legal para o chamado *aborto terapêutico*, no qual os pais e a equipe de saúde poderão decidir o futuro do feto.

Atualmente, a medicina preditiva permite a realização de diversos exames no estado inicial da gestação, sendo possível dar início a terapias adequadas ainda na fase intrauterina, promovendo uma significativa melhora de vida. Por outro lado, ela pode dar margem à tomada de decisões relacionadas à interrupção da gravidez de modo a evitar possíveis nascituros doentes, ainda que tal técnica se vincule a probabilidades, e não a certezas.

Reprodução assistida

A descoberta do DNA representou um grande avanço científico, a partir do qual a fertilização *in vitro* se tornou possível. Graças a isso, em 1978, na Inglaterra, nasceu Louise Brown, o primeiro bebê de proveta.

As técnicas de reprodução assistida, especialmente a fertilização *in vitro*, enfrentam sérios dilemas bioéticos desde seu surgimento, a exemplo de conflitos relacionados ao desejo legítimo de conceber um filho, por um lado, e o respeito pela vida embrionária e pela identidade genética de uma criança, por outro.

Embora essa técnica tenha sido desenvolvida com a intenção de solucionar o problema de mulheres estéreis que desejavam ser mães, atualmente observa-se que seu objetivo está cada vez mais associado à finalidade eugenética, ou seja, ao que se entende na ciência pela criação de uma "boa raça" ou "boa geração", sob a premissa de ser possível originar seres humanos geneticamente perfeitos.

Clonagem humana

Embora a clonagem humana encontre suas bases na fertilização *in vitro* já conhecidas há muito tempo pela humanidade, o tema se apresenta como novo e, talvez, como um dos mais controversos, levantando questões como:

- Quais são os benefícios da clonagem para a humanidade?
- Como se dá a subordinação do concepto no que diz respeito aos interesses de quem deseja reproduzi-lo?

- De que modo os clones humanos lidarão com as questões psíquicas no futuro?
- Do ponto de vista ético, como considerar o respeito e a dignidade humana a que todo cidadão tem direito?

Os genes não são determinantes para as características de personalidade de uma pessoa. Isso significa que os clones não necessariamente apresentarão as mesmas habilidades do doador, especialmente as características provenientes do processo de vivência humana. Além disso, devemos considerar as condições a serem vivenciadas pelo novo ser.

Para que dois seres humanos sejam idênticos, não basta que tenham os mesmos genes, mas que também vivam em condições idênticas, o que é absolutamente impossível. A esse respeito, constatamos a primeira grande desvantagem associada à clonagem.

A segunda desvantagem envolve a idade das células genéticas: o clone nascerá com células maduras, mas da mesma idade das células do doador. Esse fenômeno já foi constatado na primeira experiência de clonagem realizada com a Ovelha Dolly. Implicações como essa podem acarretar o aparecimento precoce de doenças degenerativas.

2.5.2 Dilemas bioéticos sobre a morte

Nós, seres humanos, incansavelmente buscamos a felicidade de viver em plenitude, explorando todos os recursos possíveis para minimizar a dor e o sofrimento, vencer doenças e até mesmo a morte. No entanto, muitas vezes essa procura desesperada nos faz pensar que a morte não faz parte do processo de existir. É a partir dessa reflexão que abordaremos os aspectos éticos associados à finitude da vida.

Ortotanásia: cuidados paliativos

Considerados como eticamente corretos, os cuidados paliativos permitem que o paciente encare a morte como um processo normal, dando ênfase ao controle da dor e dos sintomas. Assim, a pessoa em estado terminal pode viver com qualidade de vida, em vez de depositar sua fé na impossibilidade de cura.

Assim, os cuidados paliativos têm o objetivo de fornecer ao paciente e à sua família a chance de encarar a finitude de modo confortável e pleno dentro do possível, lidando com a doença, a morte e o luto ao mesmo tempo em que zelam por suas necessidades emocionais, físicas e espirituais.

Nessa ótica, ter dignidade no trato com o paciente em fase terminal significa respeitar a sua integridade, garantindo o atendimento de seus anseios. Mas, para que isso ocorra, é necessário:

i. lidar com o sofrimento, tentando reduzir ao máximo a dor do paciente;
ii. garantir que o paciente não seja abandonado, dando sequência aos seus tratamentos;
iii. manter o paciente informado, favorecendo que ele tenha o controle das decisões sobre o seu tratamento sempre que possível;
iv. permitir que o paciente escolha o melhor local para "se despedir" da vida;
v. acolher o paciente, ouvindo seus medos, pensamentos e sentimentos, bem como suas angústias e esperanças.

Distanásia: prolongamento da vida

Embora seja uma prática amplamente utilizada, especialmente em uma Unidade de Terapia Intensiva (UTI), a distanásia ainda é pouco conhecida pelo público em geral. A expressão se refere ao prolongamento exagerado da vida e, por consequência, à morte lenta e com sofrimento para o paciente, tendo em vista que, nesse caso, o tratamento é considerado inútil.

A morte deve ser entendida como natural. Porém, quando ela não é aceita, é possível recorrer a métodos alternativos que prolongam a vida artificialmente para tentar salvar o paciente terminal. Contudo, ao tentar prolongar a vida, o paciente é submetido a um grande sofrimento – na realidade, acaba-se prologando sua morte.

Eutanásia: antecipação da morte

Entende-se que a eutanásia é movida pela compaixão, pois o autor visa acabar com o sofrimento insuportável causado por uma doença incurável – por esse motivo, ela é conhecida como *boa morte*. É fundamental diferenciá-la do homicídio simples, cujo único objetivo é matar alguém. Mesmo em países nos quais a eutanásia é legalizada, como Bélgica e Holanda, o ato de indulgência é considerado um requisito primordial. Ainda, tal prática pode abranger recém-nascidos com malformações congênitas e pacientes em estado vegetativo persistente.

A eutanásia pode ser classificada como *ativa* ou *passiva*, de acordo com o ato que inicia o evento da morte:

- **Eutanásia ativa**: Ocorre quando o autor dá início ao processo de morte por meio de uma ação, a qual pode ser subdividida em:
    - eutanásia ativa direta – ajuda-se o paciente a morrer mediante condutas positivas;
    - eutanásia ativa indireta – refere-se à administração de medicamentos, com o objetivo de reduzir a dor e o sofrimento, sendo a abreviação da vida o efeito secundário de tais remédios.

- **Eutanásia passiva**: Ocorre quando o autor dá início ao processo de morte por meio de uma omissão, a qual se relaciona à supressão ou interrupção dos cuidados médicos considerados indispensáveis para o suporte e a manutenção da vida do paciente.

Mistanásia: morte social

Também conhecida como *morte social*, a mistanásia afronta os postulados dos direitos humanos, bem como da ética médica e bioética, sendo caracterizada por três possíveis situações:

i. pacientes que não chegam a ser atendidos no sistema de atendimento médico por motivos políticos, sociais ou econômicos;
ii. pacientes que se tornam vítimas de erros médicos;
iii. pacientes que vão a óbito por conta de má prática motivada por razões sociopolíticas, econômicas ou científicas.

Síntese

Neste capítulo, vimos que a bioética é tida como uma ciência relativamente nova, cuja base para seu surgimento esteve na realização de experimentos inaceitáveis por médicos nazistas. Assim, ela foi desenvolvida a partir do desejo de preservar a vida humana e, posteriormente, estabeleceu-se como a conhecemos atualmente. Sua abrangência multidisciplinar é indispensável para compreendermos os aspectos relacionados à ética da sobrevivência humana. Nessa perspectiva, ela deve ser utilizada com a intenção de encontrar respostas para questões vinculadas à vida, à saúde e à morte das pessoas e da sociedade em geral.

Salientamos que as discussões a respeito da bioética não devem se esgotar com a leitura deste capítulo. Pelo contrário, é importante fomentar esse tema continuamente, uma vez que novos conflitos referentes à dignidade humana surgem a todo momento.

Questões para revisão

1. Marque V nas assertivas verdadeira e F nas falsas.
   - ( ) Os primeiros dados históricos a respeito da conduta ética foram registrados no Relatório Belmont.
   - ( ) O Termo de Consentimento Livre pode ser influenciado em nome do respeito ao pesquisador.
   - ( ) O Código de Nuremberg é composto por dez regras.
   - ( ) O código de ética profissional mais antigo de que se tem conhecimento foi elaborado por Hipócrates.

   A seguir, marque a alternativa que corresponde à sequência correta:

   a) F, F, V, V.
   b) F, V, F, F.
   c) V, F, V, F.
   d) V, V, F, F.
   e) F, F, F, V.

2. Em quais países a eutanásia é legalizada?
   a) Estados Unidos e Canadá.
   b) Bélgica e Holanda.
   c) Suíça e Alemanha.
   d) Inglaterra e Suécia.
   e) Brasil e Chile.

3. Marque V nas assertivas verdadeiras e F nas falsas.
   ( ) No Brasil, as pesquisas envolvendo seres humanos seguem a Resolução n. 196/1996.
   ( ) A Declaração de Helsinque é um documento sobre a conduta médica e de outros participantes de pesquisas clínicas envolvendo seres humanos.
   ( ) O Código de Nuremberg foi criado após a investigação de experimentos realizados no Hospital de Tuskegee.
   ( ) A descoberta da Síndrome da Talidomida representa um marco histórico no contexto bioético, pois, a partir dela, foi possível mudar a forma de compreender as pesquisas sobre a segurança de novos medicamentos.

   A seguir, indique a alternativa que corresponde à sequência correta:
   a) V, F, F, V.
   b) V, F, V, F.
   c) V, V, V, F.
   d) V, V, F, V.
   e) F, V, F, V.

4. Discorra sobre a importância da autonomia do paciente na tomada de decisões no contexto da bioética.

5. Analise os desafios éticos enfrentados na pesquisa científica envolvendo seres humanos e discuta a importância da ética nas pesquisas realizadas no campo da bioética.

Questões para reflexão

1. Como vimos ao longo deste capítulo, toda pesquisa envolvendo seres humanos deve estar associada a um Comitê de Ética em Pesquisa (CEP). Os comitês com essa finalidade são formados por um colegiado multi e transdisciplinar. Nesse contexto, reflita sobre a importância dos representantes da comunidade dentro do CEP.

2. O modelo de bioética principialista é amplamente conhecido e tem grande relevância histórica. Com base nas informações que apresentamos acerca desse modelo, reflita: Você concorda com as críticas feitas sobre ele?

Capítulo 3
Gestão de resíduos sólidos

Aline Bisinella Ianoski

Aline Cristine Hermann Bonato

Conteúdos do capítulo:

- O que são os resíduos sólidos?
- Classificação dos resíduos sólidos.
- Gerenciamento de resíduos sólidos.
- Práticas integrativas e complementares (PICS) e os resíduos sólidos.
- Resíduos sólidos e seus impactos na saúde e no meio ambiente.

Após o estudo deste capítulo, você será capaz de:

1. entender o que são os resíduos sólidos;
2. diferenciar as classes dos Resíduos de Serviços de Saúde (RSS);
3. compreender as etapas envolvidas no gerenciamento de resíduos sólidos;
4. associar as PICS à geração de resíduos sólidos;
5. explicar como os resíduos sólidos podem impactar a saúde do homem e o meio ambiente.

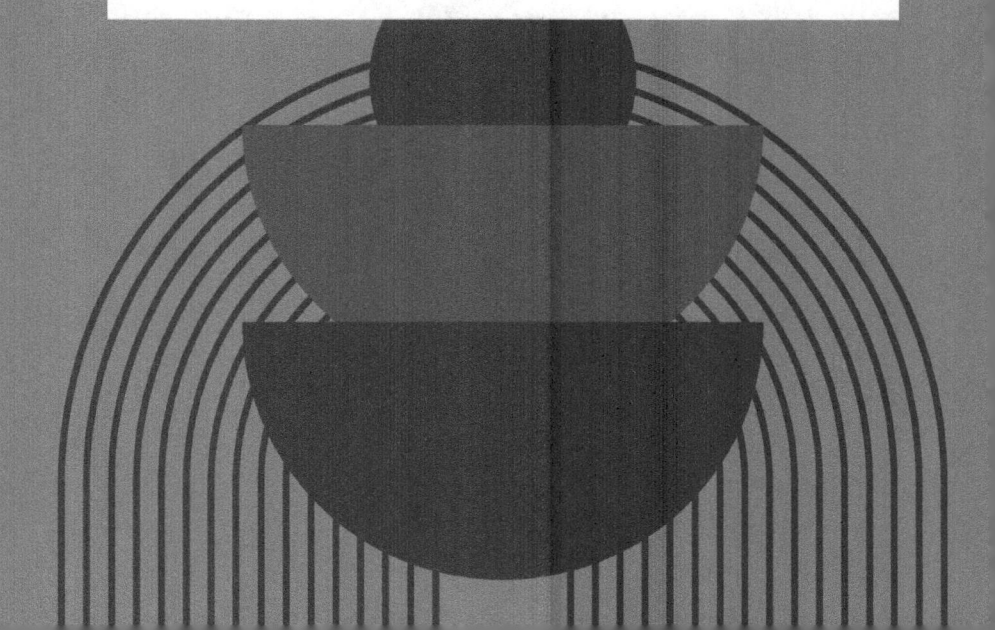

É possível que você nunca tenha parado para pensar nos resíduos sólidos, no sentido de identificar onde eles são gerados, em que quantidades, como são tratados e qual é o custo para isso.

A geração de resíduos é inerente às nossas atividades cotidianas e profissionais, principalmente na área de saúde. As decisões que tomamos em relação às atividades que desenvolvemos impactam diretamente a geração de resíduos sólidos de diversas classificações.

Nessa perspectiva, neste capítulo, nosso objetivo será instigá-lo a conhecer toda a complexidade que envolve esse tema.

3.1 O que são resíduos sólidos?

Os resíduos são definidos pela Política Nacional de Resíduos Sólidos (PNRS) – Lei n. 12.305, de 2 de agosto de 2010 (Brasil, 2010a) – como quaisquer materiais e substâncias resultantes de atividades antrópicas que podem estar presentes nos estados sólidos, semissólidos, gasosos (contidos em recipientes) ou líquidos.

Essa definição trouxe outra perspectiva quanto aos resíduos. Isso porque, por meio dela, podemos diferenciar *resíduo* de *rejeito*. Enquanto o rejeito não tem mais valor econômico agregado, ou seja, não há mais alternativas tecnológicas para seu uso, o resíduo sólido ainda tem valor agregado, transformando-se em um subproduto – não necessariamente para quem o gerou, mas para outras atividades, podendo ser reutilizado ou reciclado. Essa diferenciação é fundamental para a mudança na relação que temos com o meio ambiente e com o crescimento econômico mundial.

3.1.1 Modelos de crescimento econômico

Em geral, existem dois modelos de crescimento econômico: o modelo linear e o modelo circular, ambos expostos na Figura 3.1.

Figura 3.1 – Modelos de crescimento econômico

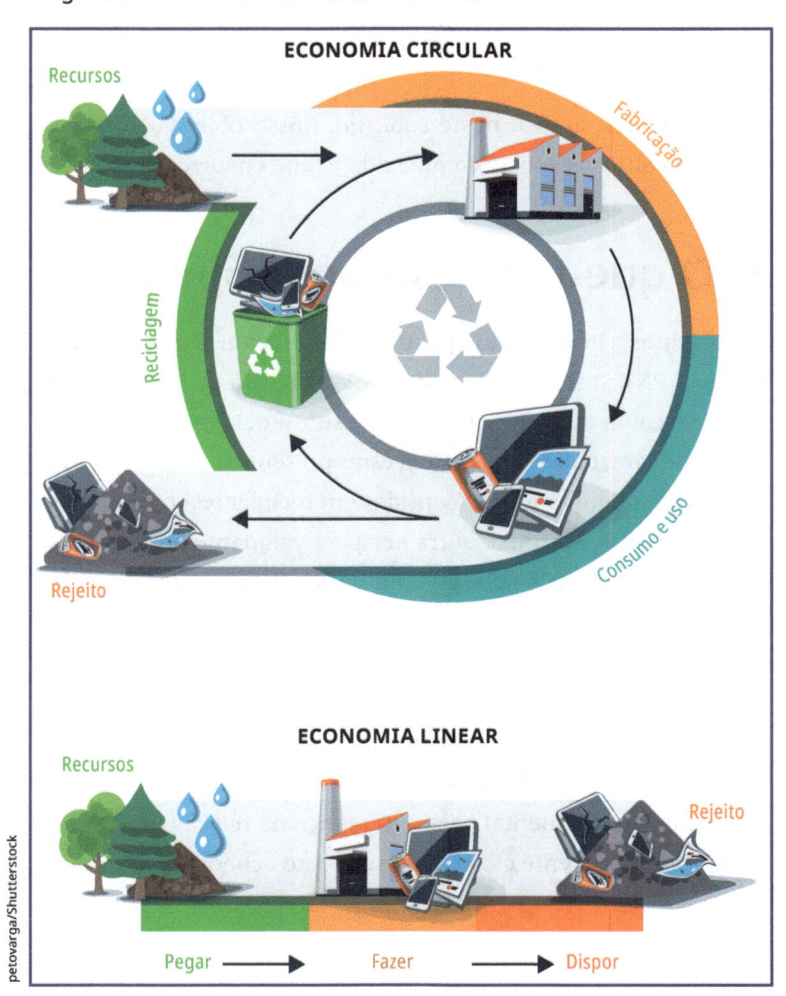

O **modelo linear de crescimento econômico** objetiva o aumento de lucros a curto prazo, por meio do consumo desmedido de matéria-prima e do uso irracional dos recursos naturais, o que comumente acarreta uma alta geração de resíduos e baixo índice de reciclagem e reutilização. Esse modelo ganhou força durante a Revolução Industrial. Nesse período, não havia uma preocupação específica com a durabilidade dos materiais. Dessa forma, os itens danificados não eram reparados, e sim descartados, sendo substituídos por novos, o que gerava um expressivo aumento na geração de resíduos. Como consequência desse modelo de crescimento, houve a redução da biodiversidade, a degradação da qualidade do ar, do solo e da água e o surgimento mais frequente de doenças (Bianchi, 2020).

Em contrapartida, o **modelo circular de crescimento econômico** visa ao aumento dos lucros à médio e longo prazos. Além disso, há interesse no desenvolvimento sustentável, a produção é regida por normas e leis ambientais, a geração de resíduos é menor e os índices de reciclagem são maiores. Nesse modelo, existem alternativas para a comercialização dos resíduos, assim como uma preocupação em relação aos riscos à saúde (Oliveira; França; Rangel, 2019).

Quando a despreocupação com as questões ambientais passou a representar uma elevação nos custos de produção e redução dos lucros e a poluição passou as ser sinônimo de ineficiência produtiva e de riscos à saúde, tornou-se imprescindível que o crescimento econômico acompanhasse as questões ambientais. Nesse sentido, o modelo circular de produção vem ganhando força, pois é uma alternativa para aprimorar o ciclo de vida do produto e agregar valor econômico ao resíduo.

É possível aplicar o modelo circular de crescimento econômico praticamente a todas as atividades, inclusive naquelas relacionadas aos Resíduos de Serviços de Saúde (RSS).

3.1.2 Resíduos de Serviços de Saúde (RSS)

Ao pensarmos nos RSS, automaticamente deduzimos que nenhum deles pode passar por reciclagem ou reutilização e, por isso, todos eles devem ser diretamente encaminhados para tratamento e destinação final. Porém, essa é uma ideia errônea sobre os RSS. Certamente, agulhas, curativos contaminados, peças anatômicas e tubos para coleta de sangue não são reutilizáveis, mas os RSS não dizem respeito apenas a esses materiais.

Precisamos analisar mais a fundo o que realmente é gerado dentro de hospitais, clínicas odontológicas, espaços terapêuticos e tantos outros locais que prestam serviços voltados à saúde. Ora, não haveria motivo para não destinar à reciclagem caixas de papelão, bulas, receituários não contaminados com material biológico ou químico etc. ou, ainda, deixar de enviar à compostagem as sobras do preparo das refeições.

Estima-se que aproximadamente 15% dos resíduos gerados nas atividades voltadas à saúde podem ser classificados como perigosos, e os 85% restantes representam resíduos comuns (WHO, 2018), com ou sem valor agregado, que podem ser destinados à reciclagem, compostagem, logística reversa ou, ainda, como rejeito. Já que os RSS são gerados em ambientes comumente insalubres, eles devem ser segregados já na fonte geradora e por pessoal capacitado, para que sejam tomadas as devidas ações, como identificação, segregação, acondicionamento, coleta e destinação final.

3.2 Classificação dos resíduos sólidos

A crescente preocupação dos governos e da população com o meio ambiente incentivou a formulação de leis, regulamentos e normas técnicas que auxiliassem na gestão adequada dos resíduos sólidos. Para isso, foi necessário classificá-los.

A classificação dos resíduos sólidos é realizada de acordo com sua origem e periculosidade. Eles podem ser categorizados como *perigosos* ou *não perigosos*, sendo que, neste último grupo, ainda são classificados como *inertes* ou *não inertes* (Figura 3.2).

Figura 3.2 – Classificação geral dos resíduos sólidos

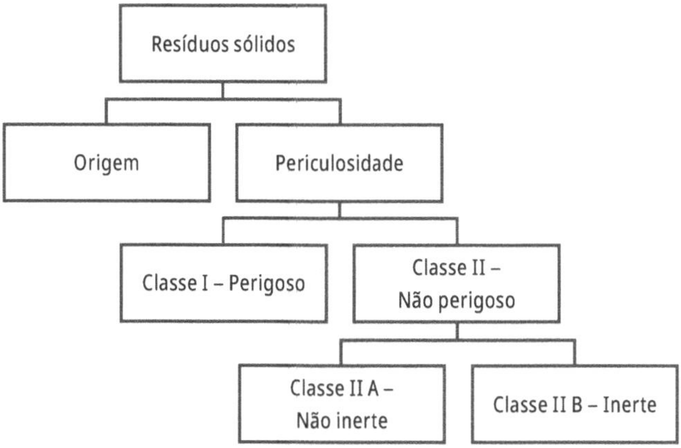

```
                    Resíduos sólidos
                    ┌───────┴───────┐
                  Origem      Periculosidade
                                    ├──────────────────┐
                            Classe I – Perigoso    Classe II –
                                                   Não perigoso
                                                        ├──────────────┐
                                               Classe II A –    Classe II B – Inerte
                                               Não inerte
```

Fonte: Elaborada com base em Brasil, 2010a; ABNT, 2004.

A Associação Brasileira de Normas Técnicas (ABNT), por meio da NBR 10004, definiu uma sequência de critérios para caracterizar e classificar os resíduos sólidos. Nessa norma, os resíduos são classificados como classe I, classe II A ou classe II B. Para isso, leva-se em conta a origem do resíduo e sua composição, bem como se já se conhece seu impacto ambiental e à saúde da população.

Um resíduo é considerado **classe I – perigoso** quando pode causar danos à saúde da população ou ao meio ambiente. Sua avaliação é feita com base em critérios como inflamabilidade, corrosividade, reatividade, toxicidade e patogenicidade.

Os resíduos da **classe II – não perigosos** são subdivididos em **inertes** e **não inertes**. Entre os resíduos contemplados nesta classe estão resíduos de papel e papelão, sucata de metais ferrosos e restos de alimentos, por exemplo. Um resíduo é classificado na **classe II A – não inerte** quando apresenta características como biodegradabilidade, combustibilidade ou solubilidade em água. Por sua vez, aqueles cujos componentes não são solubilizados em concentrações que ultrapassem os padrões de potabilidade da água pertencem à **classe II B – inerte**.

Além da NBR 10004, há outras legislações que traçam diretrizes sobre a identificação, o armazenamento, o transporte e a destinação dos resíduos. Um exemplo é a Instrução Normativa n. 13, de 18 de dezembro de 2012 (Brasil, 2012) – Lista Brasileira de Resíduos Sólidos –, elaborada a fim de padronizar a identificação de resíduos em território nacional. Essa mesma norma prevê, por exemplo, que o código de todo resíduo perigoso leve um asterisco em sua composição.

Ainda assim, as legislações são sempre relacionadas e tendem a ser complementares umas às outras, como é o caso das normas aplicadas aos resíduos gerados nos serviços de saúde, de que falaremos em mais detalhes a seguir.

3.2.1 Classificação dos Resíduos dos Serviços de Saúde

Os RSS são bastante variados, sendo classificados de acordo com a Resolução da Diretoria Colegiada (RDC) n. 222, de 28 de março de 2018 (Brasil, 2018a), da Agência Nacional de Vigilância Sanitária (Anvisa), que regulamenta o gerenciamento desses resíduos. A normativa se aplica a todo estabelecimento que preste atendimento à saúde humana ou animal, como hospitais, clínicas, farmácias, assim como funerárias e necrotérios, por exemplo.

Como mencionamos anteriormente, tais locais são responsáveis pela geração de diversos tipos de resíduos. Por isso, o conhecimento sobre sua origem e periculosidade é fundamental. Os RSS são classificados em cinco grupos, a saber (Brasil, 2018a):

1. **Grupo A – resíduo infectante**: Pode apresentar risco de infecção (biológico). Devido à grande diversidade de materiais infectantes gerados nos serviços de saúde, esse grupo foi subdividido em A1, A2, A3, A4 e A5, a fim de facilitar a segregação dos resíduos por similaridade. Na sequência, comentamos brevemente cada um desses subgrupos:
   - **A1**: Culturas e estoques de microrganismos; descarte de vacinas de microrganismos vivos, atenuados ou inativados; resíduos resultantes da atividade de ensino e pesquisa; e bolsas transfusionais.
   - **A2**: Carcaças, peças anatômicas, vísceras e outros resíduos provenientes de animais submetidos a processos de experimentação com inoculação de microrganismos.
   - **A3**: Peças anatômicas (membros) do ser humano e de fetos.
   - **A4**: Amostras de laboratório e seus recipientes contendo fezes, urina e secreções; resíduos de tecido adiposo proveniente de lipoaspiração, lipoescultura, cadáveres, carcaças

provenientes de animais não submetidos a processos de experimentação com inoculação de microrganismos.
- **A5**: Órgãos, tecidos e fluidos orgânicos de alta infectividade para príons (assim definidos em documentos oficiais pelos órgãos sanitários competentes).

2. **Grupo B – resíduo químico**: Pode apresentar risco à saúde da população e ao meio ambiente (químico). Neste grupo entram, por exemplo, os fármacos, os efluentes hospitalares, os resíduos de produtos químicos utilizados em análises laboratoriais etc.
3. **Grupo C – resíduo radioativo**: Pode apresentar risco à saúde e ao meio ambiente (radiológico). Refere-se a materiais que contêm radionuclídeos e que não são passíveis de reutilização. No caso dos serviços de saúde, esse resíduo tem origem em laboratórios de análises clínicas e serviços de medicina nuclear e radioterapia.
4. **Grupo D – resíduo comum**: Esse tipo de resíduo não apresenta nenhum dos riscos recém-apresentados. Trata-se de resíduos como papel higiênico, fraldas, sobras e restos de alimentos, resíduos de jardinagem, gesso etc. É semelhante ao resíduo que geramos em casa, podendo ser reutilizado, reciclado ou encaminhado para tratamento e destinação final.
5. **Grupo E – resíduo perfurocortante**: Pode causar lesões físicas e, pela sua origem, representar risco infectante (biológico). Neste grupo se encontram lâminas de bisturi, agulhas, escalpes, tubos de coleta de sangue, ampolas de vidro e vidraria quebrada em laboratórios.

Com base nesse conhecimento, podemos refletir acerca dos ambientes que oferecerem serviços de saúde, a exemplo dos hospitais, os quais são compostos por diversos setores, cada um com atividades específicas. A parte administrativa, que cuida de contratos, compras, recursos humanos e afins, não gera resíduos dos grupos A ou E. Já o setor ambulatorial e o centro cirúrgico são identificados como setores que geram tais resíduos. Quanto maior for a setorização de um estabelecimento, mais diversificada será a origem dos RSS e, com efeito, mais complexa será a gestão deles.

O resíduo erroneamente classificado, segregado, tratado ou destinado pode ocasionar a contaminação do ar, do solo e da água e afetar diretamente a saúde da população. Uma maneira de minimizar essa possibilidade é promover uma gestão adequada dos resíduos sólidos, assunto de que trataremos na sequência.

3.3 Gerenciamento de resíduos sólidos

Os resíduos sólidos precisam ser gerenciados. Ou seja, a partir do momento em que são produzidos, todo o processo a eles relacionado deve ser controlado, a fim de evitar que as pessoas e o meio ambiente sejam contaminados. Entre o processo de geração do resíduo até seu destino final (disposição em aterro, reciclagem etc.), há várias etapas e entes envolvidos, e cada um tem uma atribuição específica. Porém, embora a responsabilidade pelo resíduo seja compartilhada, ela primariamente pertence ao gerador.

Por exemplo, se o gerador encaminha um resíduo para ser disposto em aterro e após algum tempo se detecta a presença de contaminantes no solo, tanto o gerador como o responsável pelo aterro responderão pelo crime. Por isso, é fundamental que o gerador homologue empresas sérias e autorizadas pelos órgãos ambientais a exercer a atividade contratada.

3.3.1 Etapas do gerenciamento de Resíduos de Serviços de Saúde

As atividades compreendidas entre a geração e a destinação final do resíduo estão previstas na PNRS (Lei n. 12.305/2010). De acordo com a classificação do resíduo, existem legislações adicionais que dispõem sobre particularidades do gerenciamento do material. É o caso dos resíduos gerados em atividades de serviços de saúde, os quais, em virtude de sua origem, demandam cuidados especiais, descritos em legislações à parte: a RDC n. 222/2018 e a Resolução do Conselho Nacional do Meio Ambiente (Conama) n. 358, de 29 de abril de 2005 (Brasil, 2005a).

Na Figura 3.3, a seguir, apresentamos as etapas do manejo de RSS.

Figura 3.3 – Etapas do manejo de resíduos da saúde

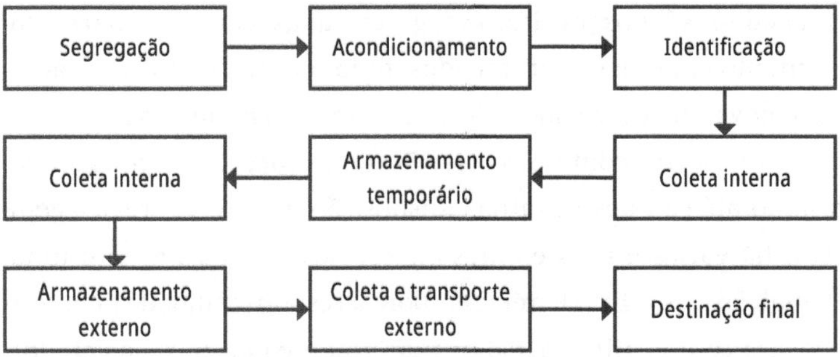

```
Segregação → Acondicionamento → Identificação
                                      ↓
Coleta interna ← Armazenamento temporário ← Coleta interna
     ↓
Armazenamento externo → Coleta e transporte externo → Destinação final
```

Fonte: Elaborada com base em Brasil, 2018a.

- **Segregação**: Trata-se da primeira e de umas das mais importantes etapas do gerenciamento dos resíduos e consiste na separação dos resíduos no local de geração. Esta atividade deve ser feita de acordo com a classificação do resíduo (Grupo A, B, C, D e E). A segregação na fonte elimina a necessidade de realizar processos de triagem para a separação dos materiais. Dessa forma, os custos com o manejo são reduzidos e, além disso, torna-se possível obter melhores preços nas negociações para compra ou venda do material.

Geralmente, os resíduos do Grupo D são passíveis de reciclagem, razão pela qual sua coleta pode ser especializada. O ideal é que os resíduos recicláveis sejam separados entre papel, vidro, metal, plástico e orgânico. Quanto mais segregamos os resíduos, maiores são as chances de que estes sejam valorizados, ou seja, encaminhados para uma destinação considerada nobre, como a reciclagem – além da chance de gerar receita.

Se os resíduos estão misturados ao serem descartados, aqueles que tinham o potencial de passar pela reciclagem podem sofrer alteração de suas características físicas e, consequentemente, perder esse potencial. Logo, são encaminhados para destinações menos nobres, como o aterro sanitário. Ainda, como não é possível fazer a venda de tais resíduos, temos de pagar para destiná-lo. Isso acontece, por exemplo, quando resíduos orgânicos são misturados a resíduos de papel: a umidade dos orgânicos é aderida ao papel, o que faz com que a separação após a mistura se torne muito difícil. Assim, um resíduo que poderia ser reciclado e vendido acaba sendo direcionado para um aterro, gerando custo e potencial contaminante.

- **Acondicionamento**: Nesta fase, os resíduos gerados precisam ser depositados em sacos plásticos alocados dentro de recipientes capazes de impedir o vazamento.

Os sacos plásticos devem ser física e quimicamente resistentes ao resíduo, atendendo ao disposto na NBR 9.191 da ABNT (ABNT, 2002). É fundamental respeitar o limite de peso estabelecido na norma, a fim de evitar o rompimento do saco plástico e consequente despejo do resíduo. Também, conforme previsto na RDC n. 222/2018 (Brasil, 2018a), o volume de resíduos no saco plástico não pode ultrapassar 2/3 da capacidade, para garantir o fechamento. Ainda, os sacos plásticos não podem ser esvaziados nem reutilizados.

Os recipientes em que os sacos plásticos são colocados devem ser de material lavável e resistente à ruptura, ao vazamento e a tombamento. A lixeira deve conter um sistema de abertura sem contato manual – pode-se utilizar modelos com abertura por acionamento com pedal. Ainda, o recipiente deve ter dimensões adequadas à quantidade e ao tamanho do resíduo. Quanto maior forem a frequência de geração ou as dimensões do resíduo gerado, maior deverá ser o recipiente, para impedir que o resíduo extravase.

Se o resíduo estiver no estado líquido, os sacos plásticos não são indicados. Nesse caso, utiliza-se apenas um recipiente resistente, preferencialmente com tampa removível e rosca.

Os resíduos do Grupo B necessitam de atenção especial quanto à incompatibilidade. Isso porque, quando armazenados juntos, alguns produtos químicos podem reagir, gerando explosões. Por essa razão, antes de depositar produtos químicos em embalagens comuns, verifique as tabelas de incompatibilidade.

- **Identificação**: Consiste na implementação da sistemática de identificação de sacos plásticos, lixeiras e locais de armazenamento e transporte. A identificação dos resíduos é padronizada, permitindo que os profissionais envolvidos em qualquer fase do processo de gerenciamento de resíduos guiem-se pelos símbolos e pelas cores, garantindo o descarte e o cuidado apropriados com cada resíduo.

No Quadro 3.1, a seguir, apresentamos as regras e recomendações de identificação para cada grupo de resíduos.

Quadro 3.1 – Símbolos e cores de identificação dos resíduos

Símbolo	Tipo de resíduo identificado com o símbolo	Descrição
	Grupo D	**Recipientes e sacos plásticos**: recomenda-se respeitar o código de cores previsto na Resolução n. 275 do Conama. **AZUL**: papel/papelão **VERMELHO**: plástico **VERDE**: vidro **AMARELO**: metal **MARROM**: resíduos orgânicos Para os demais resíduos deste grupo, deve ser utilizada a cor cinza nos recipientes. **Identificação**: os recipientes que armazenam resíduos recicláveis são identificados com o símbolo ao lado. Os sacos que acondicionam tais resíduos não precisam ser identificados.
	Grupo A	**Recipientes e sacos plásticos**: resíduos deste grupo precisam ser acondicionados, conforme a Resolução n. 222, em sacos nas seguintes cores: **BRANCO OU VERMELHO**: A1 **BRANCO**: A2 e A4 **VERMELHO**: A3 e A5 **Identificação**: o saco plástico e os recipientes que armazenam resíduos deste grupo devem possuir rótulo com o símbolo de "substância infectante", com fundo branco, desenho e contorno de fundo preto, de acordo com o disposto na NBR 7500 da ABNT.
	Grupo B	**Recipientes e sacos plásticos**: recomenda-se respeitar o código de cores previsto na Resolução n. 275 do Conama, a qual prevê que os resíduos de saúde devem ser identificados pela cor branca. **Identificação**: o saco plástico e os recipientes devem possuir símbolo do risco químico associado, a discriminação da substância química e a frase de risco. Para tanto, deve-se consultar a NBR 7500 da ABNT.

(continua)

(Quadro 2.1 – conclusão)

Símbolo	Tipo de resíduo identificado com o símbolo	Descrição
ATENÇÃO / MATERIAL RADIOATIVO	Grupo C	**Recipientes e sacos plásticos**: recomenda-se respeitar o código de cores previsto na Resolução n. 275 da Conama, a qual prevê que os resíduos de saúde devem ser identificados pela cor branca. **Identificação**: o saco plástico e os recipientes devem possuir símbolo internacional de presença de radiação ionizante (trifólio de cor magenta) em rótulos de fundo amarelo e contornos pretos, junto da expressão "Material radioativo".
RESÍDUO PERFUROCORTANTE	Grupo E	**Recipientes e sacos plásticos**: recomenda-se respeitar o código de cores previsto na Resolução n. 275 da Conama, a qual prevê que os resíduos de saúde devem ser identificados pela cor branca. **Identificação**: o saco plástico e os recipientes devem ser identificados pelo símbolo de substância infectante, com rótulos de fundo branco, desenho e contornos pretos, junto da inscrição "Resíduo perfurocortante", indicando o risco que apresenta o resíduo.

Fonte: Elaborado com base em Brasil, 2001; 2018a; ABNT, 2017.

- **Coleta interna**: Esta etapa consiste no transporte do resíduo do ponto de geração até o local de armazenamento temporário, localizado no próprio estabelecimento em que foi gerado. O transporte interno deve ocorrer conforme a frequência planejada, com o objetivo de que os resíduos não se acumulem, ocasionando falta de espaço.

O transporte pode ser realizado com a ajuda de um *container* de coleta, que deve ser lavável, rígido e identificado com os resíduos transportados. Recomenda-se a presença de contenção para que o material seja retido no *container* caso haja escorrimento de líquidos do resíduo.

- **Armazenamento temporário**: O local é destinado ao armazenamento temporário dos resíduos coletados nos pontos de geração. A área deve estar identificada pela expressão *abrigo temporário de resíduos*. Os resíduos de fácil putrefação devem ser conservados sob refrigeração. O armazenamento temporário pode ser dispensado caso o fluxo de transporte seja baixo.
- **Coleta interna**: Esta etapa corresponde ao transporte do resíduo com o *container* do local de armazenamento temporário até a área de armazenamento externo.
- **Armazenamento externo**: O abrigo externo é uma área de acesso restrito aos gerenciadores dos resíduos e serve como ponto de coleta do resíduo pelos veículos de transporte externo. Essa área precisa ser de fácil acesso e o espaço para depositar cada resíduo deve considerar irregularidades na coleta que possam acarretar a necessidade de armazenamento por um período mais longo que o habitual.

  Conforme a RDC n. 222/2018 (Brasil, 2018a), essa área deve conter piso impermeável, e as paredes e o teto devem ser de material resistente, lavável e de fácil higienização. O local também deve permitir a circulação da ventilação; no entanto, para evitar o acesso de vetores, é preciso promover a instalação de telas. Ainda, nessa área deve haver canaletas/ralo para o escoamento dos efluentes de lavagem, os quais precisam ser conectados à rede de esgoto.
- **Coleta e transporte externo**: Este processo diz respeito à coleta do resíduo no estabelecimento gerador e ao envio até o destinador. O veículo utilizado não pode danificar o resíduo de saúde (não aplicável a resíduos do Grupo D). Por isso, geralmente, os resíduos são apenas colocados em caminhões, sem nenhum processo de compactação.

- **Destinação final:** De acordo com a classificação, há métodos específicos para a destinação final dos resíduos, conforme descrito a seguir:
    - **Grupo A1:** Conforme a Resolução do Conama n. 358/2005 (Brasil, 2005a), resíduos do Grupo A1 devem ser submetidos a processos capazes de reduzir sua carga microbiana em nível III (sobrevivência de 1 em cada 10.000 organismos). Após isso, podem ser dispostos em aterro sanitário ou outros locais licenciados.
    - **Grupo A2:** Devem ser submetidos a processos capazes de reduzir a carga microbiana do material em nível III (sobrevivência de 1 em cada 10.000 organismos). Após isso, podem ser dispostos em aterro sanitário ou submetidos a sepultamento em cemitério.
    - **Grupo A3:** Devem ser enviados para sepultamento, cremação, incineração ou outra destinação licenciada pelo órgão ambiental competente.
    - **Grupo A4:** Podem ser encaminhados, sem tratamento prévio, a um local devidamente licenciado para a disposição final de RSS.
    - **Grupo A5:** Conforme a RCD n. 222/2018 (Brasil, 2018a), os resíduos do Grupo A5 devem ser encaminhados para incineração.
    - **Grupo B:** Os resíduos deste grupo, contemplados no Anexo I da Resolução Conama n. 358/2005 (Brasil, 2005a), caso apresentem periculosidade, podem ser submetidos à reciclagem, à recuperação, à reutilização ou a tratamento seguido de disposição em aterro. Caso o resíduo não apresente características de periculosidade, seu tratamento prévio não é necessário.

- **Grupo C**: Os rejeitos radioativos apenas são considerados resíduos após o tempo de decaimento necessário. Depois disso, os resíduos passam a ser classificados conforme as categorias de resíduo biológico, químico ou comum, e deve-se seguir as opções de destinação disponíveis para cada grupo.
- **Grupo D**: Os resíduos deste grupo podem ser encaminhados para reciclagem, recuperação, reutilização, compostagem, aproveitamento energético, logística reversa ou aterro.
- **Grupo E**: Quando contaminados por agentes biológicos, químicos e substâncias radioativas, os resíduos deste grupo devem ser manejados segundo a classe de risco a que pertencem.

Do exposto, percebemos que os resíduos de saúde são bem diversificados – basta pensarmos na ampla quantidade de grupos que existem –, o que é diretamente proporcional à variedade de procedimentos dentro da área de saúde. Em cada local, há uma geração predominante de determinados grupos de resíduo. Por exemplo, uma clínica de cirurgia plástica tende a produzir maiores quantidades de resíduos do Grupo A em comparação com uma clínica de acupuntura, na qual se espera a predominância de resíduos do Grupo E.

Por essa razão, é importante atentar aos resíduos gerados em qualquer prática voltada ao serviço de saúde, incluindo as Práticas Integrativas e Complementares em Saúde (PICS), as quais, embora nem sempre gerem resíduos considerados perigosos, ainda assim demandam um gerenciamento adequado destes.

3.4 Práticas integrativas e complementares e os resíduos sólidos

Em geral, é difícil fazer uma lista de atividades que não gerem algum tipo de resíduo, seja ele perigoso ou não. Porém, dentro das PICS, existem métodos que não acarretam diretamente nenhum tipo de resíduo, como é o caso da meditação, da ioga ou da biodança. Certamente, podemos pensar que, nos espaços em que tais terapias acontecem, existem bebedouros, sanitários e refeitórios, e que, por isso, haverá geração de resíduos, principalmente do Grupo D. Contudo, estes se relacionam a outras atividades – como beber água em copo descartável – e não às PICS.

No Quadro 3.2, a seguir, apresentamos algumas PICS e os principais resíduos associados a cada prática.

Quadro 3.2 – Principais resíduos relacionados às PICS

PICS	Principais resíduos gerados				
	Grupos				
	A	B	C	D	E
Acupuntura	Algodão contaminado com sangue	Produtos vencidos/ deteriorados utilizados para higienização/ desinfecção de materiais e antissepsia da pele	-	Lençol descartável não contaminado Toalha de papel não contaminada	Agulhas
Aromaterapia e floralterapia		-	-	Embalagem Produto vencido ou deteriorado	-

(continua)

(Quadro 3.2 – conclusão)

PICS	Principais resíduos gerados				
	Grupos				
	A	B	C	D	E
Biodança Bioenergética Constelação familiar Dança circular Meditação Ioga	-	-	-	-	-
Cromoterapia	-	Lâmpada fluorescente	-	Lâmpada de LED Lençol descartável	-
Geoterapia	Argila contaminada[1]	-	-	Argila não contaminada Espátula Lençol descartável Tolha de papel	-
Homeopatia	-	Produto vencido ou deteriorado Embalagem com contato direto com o produto	-	Embalagem sem contato com o produto	-
Imposição das mãos Osteopatia Quiropraxia Reiki	-	-	-	Lençol descartável Toalha de papel	-
Reflexoterapia	-	-	-	Espátula Embalagem de produto Lençol descartável Toalha de papel	-
Ozonioterapia	Algodão contaminado com sangue Bolsas de sangue Luvas de procedimentos contaminadas	-	-	Algodão não contaminado *Bags* (luvas e botas) Luvas de procedimento não contaminadas Tolha de papel	Agulhas Seringas

---

1   Quando a argila é utilizada no tratamento de doenças infectocontagiosas.

Ao analisarmos o quadro, notamos que a geração de resíduos sólidos nas PICS é bastante variada. Além disso, embora o tipo de resíduo predominante pertença ao Grupo D, em algumas atividades ocorre a geração de resíduos dos grupos A, B e E. Logo, é necessário adotar as práticas de gerenciamento de resíduos sólidos apresentadas no subcapítulo 3.3.

A gestão inadequada dos resíduos sólidos vai muito além de apenas negligência. São inúmeros os relatos de resíduos destinados incorretamente e que colocam em risco a saúde das pessoas. Esse será o assunto com o qual finalizaremos o capítulo.

3.5 Resíduos sólidos e seus impactos na saúde e no meio ambiente

Durante muito tempo, a relação do homem com os resíduos foi de desinteresse. Ainda hoje, muitos acreditam que, a partir do momento em que o lixo é recolhido e retirado do seu campo de visão, ele deixa de ser de sua responsabilidade (como se desaparecesse em um simples passe de mágica). Mas a realidade não é essa.

A grande maioria dos resíduos demora muito tempo para se degradar. Por essa razão, quando estes não são destinados corretamente, podem ocasionar uma série de problemas ao meio ambiente e à saúde individual e coletiva.

Em outras palavras, um resíduo não tratado ou mal destinado tem o potencial de gerar uma série de doenças. Isso porque sua acumulação facilita a proliferação de microrganismos e vetores transmissores de enfermidades aos seres humanos, como a cólera, a leptospirose e diversas verminoses.

Além disso, se pensarmos nos RSS sendo descartados de maneira irresponsável, as consequências podem ser ainda mais graves. Basta imaginarmos o seguinte cenário: uma agulha e uma seringa contaminadas com o vírus da Hepatite B são dispostas em um saco destinado a resíduos comuns (Grupo D) e o coletor acaba se ferindo com a agulha, adquirindo o vírus. Em muitos casos, a Hepatite B é assintomática, e o coletor poderá demorar muito tempo até descobrir que foi contaminado. Além disso, durante esse tempo, ele pode transmitir a doença a uma série de outras pessoas, sem estar ciente disso.

Ainda, podemos pensar em outra situação hipotética considerando os RSS contaminando o solo, a água ou ar: se um hospital descartar antibióticos vencidos com os resíduos recicláveis, o que poderá ocorrer? A substância capaz de eliminar e/ou impedir a multiplicação de bactérias, ao ser tratada como um resíduo reciclável, pode ser depositada sobre um piso permeável; se os frascos tombarem ou se romperem, a substância pode escorrer até algum córrego e, com efeito, dar origem a organismos resistentes a antibióticos e superbactérias, causando o desequilíbrio ambiental.

Diante dos riscos vinculados aos RSS e de todos os cuidados exigidos em cada etapa do gerenciamento, é muito importante avaliar estratégias que objetivem evitar a geração dos resíduos. Caso isso não seja possível, é fundamental considerar oportunidades que a reduzam ou, ainda, a própria reutilização. Vale ressaltar que tais estratégias só podem ser adotadas se garantirem o cumprimento dos protocolos de segurança. De modo simplista, práticas como a informatização de sistemas podem ser aplicadas a vários processos, o que contribui para "recusar" a geração de resíduos de papel, por exemplo.

Os resíduos sólidos fazem parte da nossa rotina, seja pessoal, seja profissional. Por isso, devemos sempre tratá-los com a seriedade que merecem.

Síntese

Em um mundo no qual a sociedade em geral busca cada vez mais o desenvolvimento sustentável, ainda são raras as atividades que não geram algum tipo de resíduo, reciclável ou não.

Sob essa perspectiva, neste capítulo, esclarecemos o que são os resíduos sólidos e de que modo são classificados e gerenciados, especialmente os RSS, e explicamos como o manejo inadequado deles pode causar sérios problemas para nossa saúde e nosso bem-estar.

Para saber mais

ABRELPE – Associação Brasileira de Limpeza Pública e Resíduos Especiais. **Panorama dos Resíduos Sólidos no Brasil 2022.** Disponível em: <https://abrelpe.org.br/panorama/>. Acesso em: 15 maio 2023.

Na página indicada, pode-se acessar um documento informativo sobre a geração, a coleta, o tratamento e a destinação final dos resíduos sólidos gerados no Brasil nos últimos anos. Os autores apresentam dados detalhados acerca do tema, como: a geração de resíduos *per capita* (kg/hab/ano) e a criação de empregos no setor. Além disso, a leitura possibilita desenvolver um olhar para o futuro da gestão dos resíduos sólidos no país.

Questões para revisão

1. Marque V nas assertivas verdadeiras e F nas falsas.
   ( ) O gás metano gerado na produção de suínos pode ser considerado um resíduo sólido.
   ( ) Efluentes líquidos não são considerados resíduos sólidos.
   ( ) Resíduos de Serviços de Saúde não podem ser reciclados.
   ( ) Resíduos do Grupo A podem ser submetidos à compostagem.
   ( ) Resíduos do Grupo C precisam ser encaminhados para a reciclagem nuclear.

   Agora, indique a alternativa que corresponde à sequência correta:

   a) F, V, F, V, V.
   b) V, F, F, F, F.
   c) V, F, V, F, V.
   d) V, F, V, V, F.
   e) F, F, F, F, F.

2. Associe cada resíduo a seu respectivo grupo:
   I) Grupo A
   II) Grupo B
   III) Grupo C
   IV) Grupo D
   V) Grupo E
   ( ) Ampola de vidro
   ( ) Peças anatômicas
   ( ) Medicamentos vencidos
   ( ) Papelão
   ( ) Produtos para radioterapia

Agora, indique a alternativa que corresponde à sequência correta:

a) V, I, II, IV, III.
b) V, I, III, II, IV.
c) V, III, II, I, IV.
d) IV, III, II, I, V.
e) IV, I, II, V, III.

3. Cite quais são as etapas envolvidas no gerenciamento dos resíduos sólidos de serviços de saúde.

4. Assinale a alternativa correta:
   a) Nenhuma das PICS gera Resíduos de Serviços de Saúde (RSS).
   b) As PICS geram apenas resíduos do Grupo B.
   c) Nenhuma das PICS gera resíduos diretamente relacionado à atividade.
   d) O principal resíduo gerado na ozonoterapia pertence ao Grupo C.
   e) É necessário fazer o gerenciamento de RSS nos estabelecimentos que realizam acupuntura.

5. Quais podem ser as consequências do descarte inadequado dos Resíduos de Serviços de Saúde (RSS)?

Questões para reflexão

1. Sabemos que os resíduos do Grupo E podem ocasionar acidentes quando descartados sem os devidos cuidados. Reflita sobre como deve ser feito o acondicionamento desse tipo de resíduo.

2. Considerando os RSS, pense em algumas oportunidades para evitar a geração desses tipos de resíduo.

Capítulo 4

Práticas integrativas e complementares: processo de evolução e de implantação

Carolina Belomo de Souza

Conteúdos do capítulo:

- Histórico das Práticas Integrativas e Complementares em Saúde (PICS).
- Implantação das PICS no Brasil.
- Alguns dados sobre as práticas integrativas e complementares no mundo.
- Evidências científicas da eficácia das práticas integrativas e complementares.
- As PICS em serviços de saúde.

Após o estudo deste capítulo, você será capaz de:

1. explicar o processo histórico das PICS;
2. compreender como ocorreu o processo de implantação das PICS no Brasil;
3. analisar dados sobre a implementação das PICS em diversos países;
4. identificar os benefícios comprovados das práticas integrativas e complementares;
5. indicar os principais aspectos relacionados à implantação das PICS nos serviços de saúde.

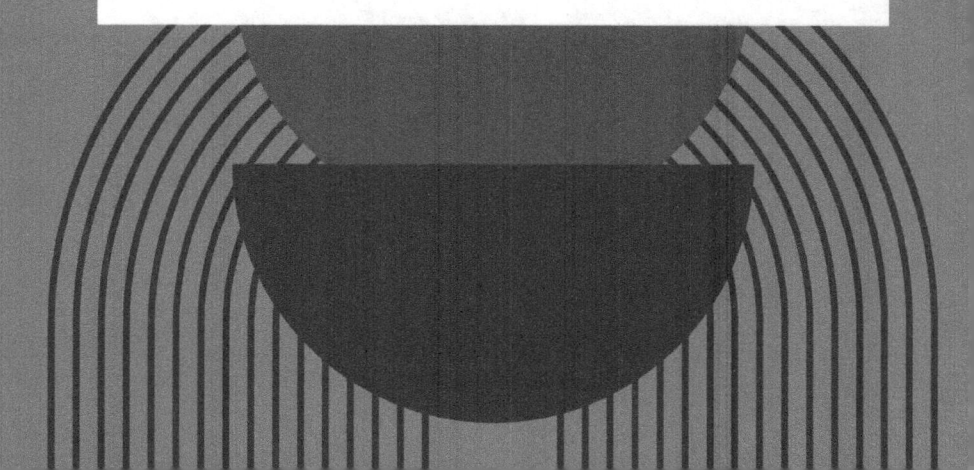

Neste capítulo, abordaremos os cuidados em saúde e convidaremos você, leitor, a refletir sobre o histórico e o processo de implantação das Práticas Integrativas e Complementares em Saúde (PICS) no Brasil, levando em consideração sua evolução e inserção no Sistema Único de Saúde (SUS), bem como alguns desafios enfrentados na atualidade. Além disso, ofereceremos uma visão geral acerca da implantação das PICS mundo afora, as evidências científicas sobre sua eficácia e os passos para a implantação de tais práticas nos serviços de saúde.

4.1 Histórico das Práticas Integrativas e Complementares em Saúde

As PICS são consideradas práticas de saúde humanizadas e centradas na integralidade do indivíduo, as quais estimulam mecanismos naturais para a prevenção de agravos. Embora estejam se expandindo pelo mundo, o discurso biomédico aponta para a falta de legitimidade científica delas.

Na década de 1970, a Organização Mundial de Saúde (OMS) criou o Programa de Medicina Tradicional, com a finalidade de formular políticas nessa área e, dessa forma, incentivar os Estados-membros a formular e implementar políticas públicas para: (i) o uso racional e integrado da Medicina Tradicional e da Medicina Complementar/Alternativa (MT/MCA) em seus sistemas nacionais de atenção à saúde; (ii) a promoção de estudos científicos para melhor conhecer sua segurança, eficácia e qualidade (Brasil, 2006a).

Com base em uma visão ampliada do processo saúde-doença e da promoção global do cuidado, especialmente do autocuidado, as abordagens presentes nos sistemas e recursos utilizados têm a finalidade de estimular mecanismos naturais de prevenção e recuperação da saúde por meio de tecnologias consideradas seguras e eficazes, com particular atenção ao desenvolvimento do vínculo terapêutico, dando ênfase a uma abordagem acolhedora que toma o indivíduo como um todo e, também, levando em conta sua interação com meio ambiente e a sociedade (Brasil, 2006a).

Assim, desde 1970, a OMS vem incentivando os países-membros a adotar políticas na área das MT/MCA (Brasil, 2018a). Nessa ótica, alguns objetivos primordiais foram estabelecidos em decorrência da realização de conferências mundiais voltadas à MT/MCA, tais como (Brasil, 2018d):

a. promover a integração dessas práticas aos sistemas oficiais de saúde;
b. desenvolver legislação/normatização para oferta de serviços e produtos de qualidade;
c. propiciar o desenvolvimento dos conhecimentos na área;
d. qualificar os profissionais envolvidos com práticas complementares.

Em 2002, a OMS lançou o documento *Traditional Medicine Strategy: 2002-2005* (WHO, 2002), que trouxe definições e auxiliou vários países a implementar as PICS em seus serviços de saúde. Em 2013, a organização atualizou as recomendações para a implementação da MT/MCA por meio do documento intitulado *Traditional Medicine Strategy: 2014-2023* (WHO, 2013). O novo texto estabelece três objetivos estratégicos:

i. construir uma base de conhecimento para a gestão ativa da MT/MCA por intermédio de políticas nacionais apropriadas;
ii. fortalecer a garantia de qualidade, segurança, uso adequado e eficácia da MT/MCA, regulando produtos, práticas e praticantes;
iii. promover a cobertura universal de saúde, integrando os serviços MT/MCA à prestação de serviços de saúde e de autocuidado.

Para a integração da MT/MCA ao sistema de saúde, o processo e as fases de implementação podem variar de acordo com o país e a região. Com isso em mente, a OMS elaborou algumas etapas que podem contribuir para facilitar esse processo nos Estados-membros, identificando aspectos essenciais a serem observados em cada nação, tais como (WHO, 2013):

i. fazer um levantamento das MT/MCA realizadas, incluindo benefícios e riscos no contexto local (com base em elementos históricos e culturais), e fomentar uma apreciação mais apurada do papel e do potencial da MT/MCA;
ii. analisar os recursos nacionais de saúde, como finanças e recursos humanos para a saúde;
iii. fortalecer ou estabelecer todas as políticas e os regulamentos relevantes para a MT/MCA (produtos, práticas e profissionais);
iv. proporcionar o acesso equitativo à saúde e a integração da MT/MCA ao sistema nacional de saúde, incluindo reembolso, encaminhamento potencial e caminhos colaborativos.

O Brasil foi um dos países que seguiu as orientações estabelecidas nas diferentes recomendações da OMS. Na sequência deste capítulo, explicaremos como ocorreu o processo de implementação das PICS a nível nacional, com uma política integrada ao Sistema Único de Saúde (SUS).

4.2 Implantação das Práticas Integrativas e Complementares em Saúde no Brasil

O processo de legitimação e institucionalização das PICS na saúde pública brasileira teve início na década de 1980 (Brasil, 2006a; Santos, Tesser, 2012), especialmente após a criação do SUS. A descentralização e a participação popular permitiram maior autonomia por parte de Estados e municípios na definição de suas políticas e ações em saúde (Brasil, 2006a). Os eventos que merecem destaque nesse processo constam resumidamente na Figura 4.1, apresentada a seguir.

No entanto, as PICS foram implantadas no SUS somente em 2006, mediante a Política Nacional de Práticas Integrativas e Complementares (PNPIC), aprovada pela Portaria n. 971, de 3 de maio de 2006 (Brasil 2006a; Brasil 2006b; Silveira, Rocha, 2020).

Com a implementação da PNPIC, o Brasil tomou a dianteira em relação aos sistemas universais, seguindo os objetivos primordiais estabelecidos pela OMS e pelas conferências mundiais sobre práticas integrativas e complementares, respondendo aos anseios da população – apresentados nas Conferências Nacionais de Saúde desde 1986 (Brasil, 2018a) – e atendendo às necessidades de conhecer, apoiar, incorporar e implementar experiências que já vinham ocorrendo na rede pública de muitos municípios e estados brasileiros (Brasil, 2006a).

Diferentemente de alguns países, no Brasil, as PICS foram integradas ao cuidado à saúde no SUS, ou seja, não foram inseridas como uma estrutura alternativa ao sistema. Isso fez com que a PNPIC brasileira se destacasse a nível internacional, levando-a a ser reconhecida e mencionada pela OMS e por diferentes países como referência na implantação das medicinas tradicionais e complementares em um sistema nacional de saúde (Brasil 2018d). Após a implantação da PNPIC, 30% dos municípios brasileiros adotaram regulamentação própria para o uso das PICS (Ruela, et al. 2019).

Os objetivos das PNPIC são estes:

2.1 Incorporar e implementar as Práticas Integrativas e Complementares no SUS, na perspectiva da prevenção de agravos e da promoção e recuperação da saúde, com ênfase na atenção básica, voltada para o cuidado continuado, humanizado e integral em saúde.

2.2 Contribuir para o aumento da resolubilidade do Sistema e ampliação do acesso às Práticas Integrativas e Complementares, garantindo qualidade, eficácia, eficiência e segurança no uso.

2.3 Promover a racionalização das ações de saúde, estimulando alternativas inovadoras e socialmente contributivas ao desenvolvimento sustentável de comunidades.

2.4 Estimular as ações referentes ao controle/participação social, promovendo o envolvimento responsável e continuado dos usuários, gestores e trabalhadores, nas diferentes instâncias de efetivação das políticas de saúde. (Brasil, 2006a)

Por sua vez, as diretrizes das PNPIC são as seguintes:

Estruturação e fortalecimento da atenção em Práticas Integrativas e Complementares no SUS [...].

3.2 Desenvolvimento de estratégias de qualificação em Práticas Integrativas e Complementares para profissionais no SUS, em conformidade com os princípios e diretrizes estabelecidos para Educação Permanente.

3.3 Divulgação e informação dos conhecimentos básicos das Práticas Integrativas e Complementares para profissionais de saúde, gestores e usuários do SUS, considerando as metodologias participativas e o saber popular e tradicional [...].

3.4 Estímulo às ações intersetoriais, buscando parcerias que propiciem o desenvolvimento integral das ações.

3.5 Fortalecimento da participação social.

3.6 Provimento do acesso a medicamentos homeopáticos e fitoterápicos na perspectiva da ampliação da produção pública, assegurando as especificidades da assistência farmacêutica nesses âmbitos, na regulamentação sanitária. [...]

3.7 Garantia do acesso aos demais insumos estratégicos das Práticas Integrativas e Complementares, com qualidade e segurança das ações.

3.8 Incentivo à pesquisa em Práticas Integrativas e Complementares com vistas ao aprimoramento da atenção à saúde, avaliando eficiência, eficácia, efetividade e segurança dos cuidados prestados.

3.9 Desenvolvimento de ações de acompanhamento e avaliação das Práticas Integrativas e Complementares, para instrumentalização de processos de gestão.

3.10 Promoção de cooperação nacional e internacional das experiências em Práticas Integrativas e Complementares nos campos da atenção, da educação permanente e da pesquisa em saúde. [...]

3.11 Garantia do monitoramento da qualidade dos fitoterápicos pelo Sistema Nacional de Vigilância Sanitária. (Brasil, 2006a)

Figura 4.1 – Linha do tempo sobre o histórico de implantação das PICS no Brasil

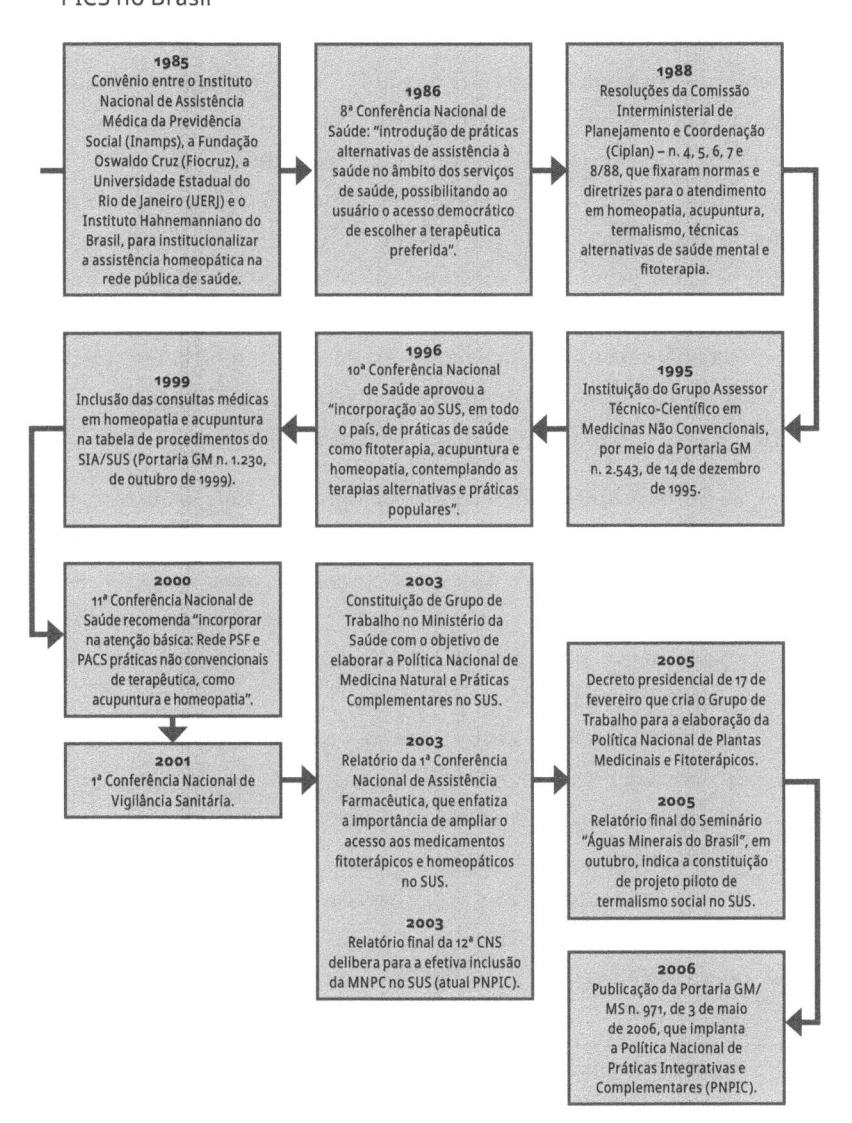

1985
Convênio entre o Instituto Nacional de Assistência Médica da Previdência Social (Inamps), a Fundação Oswaldo Cruz (Fiocruz), a Universidade Estadual do Rio de Janeiro (UERJ) e o Instituto Hahnemanniano do Brasil, para institucionalizar a assistência homeopática na rede pública de saúde.

1986
8ª Conferência Nacional de Saúde: "introdução de práticas alternativas de assistência à saúde no âmbito dos serviços de saúde, possibilitando ao usuário o acesso democrático de escolher a terapêutica preferida".

1988
Resoluções da Comissão Interministerial de Planejamento e Coordenação (Ciplan) – n. 4, 5, 6, 7 e 8/88, que fixaram normas e diretrizes para o atendimento em homeopatia, acupuntura, termalismo, técnicas alternativas de saúde mental e fitoterapia.

1999
Inclusão das consultas médicas em homeopatia e acupuntura na tabela de procedimentos do SIA/SUS (Portaria GM n. 1.230, de outubro de 1999).

1996
10ª Conferência Nacional de Saúde aprovou a "incorporação ao SUS, em todo o país, de práticas de saúde como fitoterapia, acupuntura e homeopatia, contemplando as terapias alternativas e práticas populares".

1995
Instituição do Grupo Assessor Técnico-Científico em Medicinas Não Convencionais, por meio da Portaria GM n. 2.543, de 14 de dezembro de 1995.

2000
11ª Conferência Nacional de Saúde recomenda "incorporar na atenção básica: Rede PSF e PACS práticas não convencionais de terapêutica, como acupuntura e homeopatia".

2003
Constituição de Grupo de Trabalho no Ministério da Saúde com o objetivo de elaborar a Política Nacional de Medicina Natural e Práticas Complementares no SUS.

2001
1ª Conferência Nacional de Vigilância Sanitária.

2003
Relatório da 1ª Conferência Nacional de Assistência Farmacêutica, que enfatiza a importância de ampliar o acesso aos medicamentos fitoterápicos e homeopáticos no SUS.

2005
Decreto presidencial de 17 de fevereiro que cria o Grupo de Trabalho para a elaboração da Política Nacional de Plantas Medicinais e Fitoterápicos.

2005
Relatório final do Seminário "Águas Minerais do Brasil", em outubro, indica a constituição de projeto piloto de termalismo social no SUS.

2003
Relatório final da 12ª CNS delibera para a efetiva inclusão da MNPC no SUS (atual PNPIC).

2006
Publicação da Portaria GM/MS n. 971, de 3 de maio de 2006, que implanta a Política Nacional de Práticas Integrativas e Complementares (PNPIC).

Fonte: Elaborada com base em Brasil, 2006a.

A PNPIC representou um avanço em relação à integralidade da atenção à saúde a partir de uma visão global do indivíduo, levando em consideração sua singularidade e os processos de saúde-doença pelos quais este passa. Dessa forma, ela contribuiu para a corresponsabilidade das pessoas pela própria saúde para o aumento do exercício da cidadania (Brasil, 2006a).

Ao se basear em um modelo de atenção humanizada e centrado na integralidade do cuidado, atuando nos campos da prevenção, promoção, manutenção e recuperação da saúde, a PNPIC fortaleceu os princípios fundamentais do SUS, além de ser considerada um avanço para a implantação do SUS no Brasil. A seguir, listamos os princípios e as diretrizes do SUS, de acordo com o art. 7º da Lei n. 8.080, de 19 de setembro de 1990:

I – **universalidade** de acesso aos serviços de saúde em todos os níveis de assistência;

II – **integralidade** de assistência, entendida como conjunto articulado e contínuo das ações e serviços preventivos e curativos, individuais e coletivos, exigidos para cada caso em todos os níveis de complexidade do sistema;

III – **preservação da autonomia** das pessoas na defesa de sua integridade física e moral;

IV – **igualdade da assistência à saúde**[1], sem preconceitos ou privilégios de qualquer espécie;

V – **direito à informação**, às pessoas assistidas, sobre sua saúde;

VI – **divulgação de informações** quanto ao potencial dos serviços de saúde e a sua utilização pelo usuário;

---

1 A expressão *igualdade de assistência* presente na Lei n. 8.080 faz referência à *equidade* da assistência, ou seja, dar mais para quem precisa mais. Este é um dos princípios fundamentais norteadores do Sistema Único de Saúde (Duarte, 2000).

VII – **utilização da epidemiologia** para o estabelecimento de prioridades, a alocação de recursos e a orientação programática;
VIII – **participação da comunidade**;
IX – **descentralização político-administrativa**, com direção única em cada esfera de governo: [...]
X – integração em nível executivo das ações de saúde, meio ambiente e saneamento básico;
XI – conjugação dos recursos financeiros, tecnológicos, materiais e humanos da União, dos Estados, do Distrito Federal e dos Municípios na prestação de serviços de assistência à saúde da população;
XII – capacidade de resolução dos serviços em todos os níveis de assistência; e
XIII – organização dos serviços públicos de modo a evitar duplicidade de meios para fins idênticos.
XIV – organização de atendimento público específico e especializado para mulheres e vítimas de violência doméstica em geral, que garanta, entre outros, atendimento, acompanhamento psicológico e cirurgias plásticas reparadoras [...]. (Brasil, 1990, grifo nosso)

Ainda, a PNPIC apresenta responsabilidades institucionais para a implantação e a implementação das PICS (Quadro 4.1), orientando as esferas de governo (Estados, Distrito Federal e municípios) a instituir normativas próprias para o SUS, a fim de ofertar serviços que atendam às necessidades regionais (Brasil, 2018b).

Quadro 4.1 – Responsabilidades das esferas de gestão

Federal	• Elaborar normas técnicas para a inserção das Práticas Integrativas e Complementares no SUS. • Estimular pesquisas nas áreas de interesse, em especial aquelas consideradas estratégicas para a formação e o desenvolvimento tecnológico para as Práticas Integrativas e Complementares. • Estabelecer diretrizes para a educação permanente em Práticas Integrativas e Complementares. • Manter uma articulação com os estados para o apoio à implantação e à supervisão das ações. • Garantir a especificidade da assistência farmacêutica em homeopatia e fitoterapia para o SUS na regulamentação sanitária. • Elaborar e revisar periodicamente a Relação Nacional de Plantas Medicinais, a Relação de Plantas Medicinais com Potencial de Utilização no SUS e a Relação Nacional de Fitoterápicos – esta última, segundo os critérios da Relação Nacional de Medicamentos Essenciais (Rename). • Estabelecer critérios para a inclusão e a exclusão de plantas medicinais e de medicamentos fitoterápicos nas relações nacionais. • Elaborar e atualizar periodicamente as monografias de plantas medicinais, priorizando as espécies medicinais nativas nos moldes daquelas formuladas pela OMS. • Elaborar mementos associados à Relação Nacional de Plantas Medicinais e de Fitoterápicos. • Estabelecer normas relativas ao uso de plantas medicinais e fitoterápicos nas ações de atenção à saúde no SUS. • Fortalecer o Sistema de Farmacovigilância Nacional, incluindo ações relacionadas às plantas medicinais, a fitoterápicos e a medicamentos homeopáticos. • Implantar um banco de dados dos serviços de Práticas Integrativas e Complementares no SUS, das instituições de ensino e pesquisa, assim como de pesquisadores e resultados das pesquisas cientificas em Práticas Integrativas e Complementares. • Criar um Banco Nacional de Preços para os insumos das Práticas Integrativas e Complementares pertinentes, para a orientação aos estados e municípios.

(continua)

(Quadro 4.1 – conclusão)

Estadual	• Implementar as diretrizes da educação permanente em consonância com a realidade loco-regional. • Manter uma articulação com municípios para o apoio à implantação e à supervisão das ações. • Acompanhar e coordenar a assistência farmacêutica com plantas medicinais, fitoterápicos e medicamentos homeopáticos. • Exercer a vigilância sanitária no tocante às Práticas Integrativas e Complementares e ações decorrentes, bem como incentivar o desenvolvimento de estudos de farmacovigilância e farmacoepidemiologia, com especial atenção às plantas medicinais e aos fitoterápicos, no seu âmbito de atuação. • Apresentar e aprovar uma proposta de inclusão das Práticas Integrativas e Complementares no Conselho Estadual de Saúde.
Municipal	• Estabelecer mecanismos para a qualificação dos profissionais do sistema local de saúde. • Realizar assistência farmacêutica com plantas medicinais, fitoterápicos e homeopáticos, bem como a vigilância sanitária no tocante a essa política e suas ações decorrentes na sua jurisdição. • Apresentar e aprovar uma proposta de inclusão das Práticas Integrativas e Complementares no Conselho Municipal de Saúde (CMS). • Exercer a vigilância sanitária no tocante às Práticas Integrativas e Complementares e ações decorrentes, bem como incentivar o desenvolvimento de estudos de farmacovigilância e farmacoepidemiologia, com especial atenção às plantas medicinais e aos fitoterápicos, no seu âmbito de atuação.
Responsabilidades comuns aos três entes federados	
	• Elaborar normas técnicas para a inserção das Práticas Integrativas e Complementares na rede de saúde. • Definir recursos orçamentários e financeiros para a implementação desta política, considerando a composição tripartite. • Promover a articulação intersetorial para a efetivação da política. • Estabelecer instrumentos e indicadores para o acompanhamento e a avaliação do impacto da implantação/implementação desta política. • Divulgar a Política Nacional de Práticas Integrativas e Complementares no SUS.

Fonte: Elaborado com base em Brasil, 2006a.

Com a normatização e consequente institucionalização das experiências com as PICS na rede pública, ocorreu a criação de políticas, programas e normativas legais nas três esferas de governo, os quais apontaram avanços para a saúde pública brasileira, principalmente para a qualificação do acesso e da resolutividade nas Redes de Atenção à Saúde (RAS) (Brasil, 2018a; 2018b).

Em 2017, 19% (8.200) das Unidades Básicas de Saúde (UBSs) disponibilizaram ao menos uma das PICS, distribuídas em 3.018 municípios do país e presentes em 100% das capitais, e um total de 9.470 estabelecimentos de saúde no Brasil ofertaram PICS (Brasil, 2018d).

Inicialmente, a PNPIC foi promulgada contendo apenas cinco práticas (Brasil, 2006a; 2006b; Silveira; Rocha, 2020):

i. Medicina tradicional chinesa – acupuntura.
ii. Homeopatia.
iii. Plantas medicinais e fitoterapia.
iv. Termalismo – crenoterapia.
v. Medicina antroposófica.

Onze anos após o lançamento da PNPIC, em março de 2017, houve a ampliação para 14 outras práticas, a partir da publicação da Portaria n. 849, de 27 de março de 2017 (Brasil, 2017):

i. Arteterapia.
ii. Ayurveda.
iii. Biodança.
iv. Dança circular.
v. Meditação.
vi. Musicoterapia.
vii. Naturopatia.
viii. Osteopatia.
ix. Quiropraxia.

x. Reflexoterapia.
xi. Reiki.
xii. Shantala.
xiii. Terapia comunitária integrativa.
xiv. Ioga.

Essas 19 PICS ampliaram as abordagens e possibilidades de cuidado, proporcionando maior integralidade e resolutividade na atenção primária à saúde (Brasil, 2017; Silveira, Rocha, 2020).

Um ano depois, em março de 2018, por meio da Portaria n. 702, de 21 de março de 2018 (Brasil, 2018b), foram incluídas mais dez práticas integrativas à PNPIC, a saber: (i) aromaterapia; (ii) apiterapia; (iii) bioenergética; (iv) constelação familiar; (v) cromoterapia; (vi) geoterapia; (vii) hipnoterapia; (viii) imposição de mãos; (ix) ozonioterapia; (x) terapia de florais (Brasil, 2018b; Silveira, Rocha, 2020).

No Quadro 4.2, apresentamos as 29 práticas que atualmente constam na PNPIC nacional.

Quadro 4.2 – PICS presentes na PNPIC

I.	Medicina tradicional chinesa – acupuntura	XV.	Reflexoterapia
II.	Homeopatia	XVI.	Reiki
III.	Plantas medicinais e fitoterapia	XVII.	Shantala
IV.	Termalismo – crenoterapia	XVIII.	Terapia comunitária integrativa
V.	Medicina antroposófica	XIX.	Ioga
VI.	Arteterapia	XX.	Aromaterapia
VII.	Ayurveda	XXI.	Apiterapia
VIII.	Biodança	XXII.	Bioenergética
IX.	Dança circular	XXIII.	Constelação familiar
X.	Meditação	XXIV.	Cromoterapia
XI.	Musicoterapia	XXV.	Geoterapia
XII.	Naturopatia	XXVI.	Hipnoterapia
XIII.	Osteopatia	XXVII.	Imposição de mãos
XIV.	Quiropraxia	XXVIII.	Ozonioterapia
		XXIX.	Terapia de florais

Fonte: Elaborado com base em Brasil, 2006a; 2006b; 2017; 2018b.

4.2.1 Desafios

A OMS reconhece alguns desafios para a implementação das PICS nos serviços de saúde, tais como: barreiras para o acesso aos serviços de saúde, devido à fragmentação dos serviços; falta de foco no paciente; barreiras geográficas; equipes insuficientes ou obstáculos culturais, por conta da incoerência em relação à cultura da população, além da predominância por serviços e medicamentos curativos e/ou hospitalares orientados para a doença e que, muitas vezes, são mal integrados ao sistema de saúde. Dessa forma, é reconhecido que a qualificação da MT/MCA pode representar uma contribuição positiva para cobertura de saúde (WHO, 2013).

No Brasil, existem alguns desafios referentes ao processo de implementação das PICS. Entre eles, podemos citar a necessidade de ampliar o acesso e a oferta de tais práticas (Ruela et al., 2019). Ou seja, trata-se da efetiva institucionalização das PICS no âmbito do SUS, bem como da sustentabilidade desses serviços por meio de um financiamento que envolva as três esferas de gestão (Brasil, 2018c).

De acordo com Ruela et al. (2019), a falta de especializações na área das PICS e a deficiência no ensino sobre as finalidades do seu uso durante a formação impedem um melhor aperfeiçoamento dos profissionais da saúde. Somados a isso, existem outros fatores limitantes, a exemplo da tendência mercadológica na área da saúde, que transforma os saberes e as práticas em mercadorias.

Faltam recursos para a maioria das práticas. Ainda, a esfera legislativa também precisa evoluir nesse sentido, a fim de garantir os direitos de cuidar e de ser cuidado, uma vez que os meios legais são insuficientes perante o reduzido número de recursos humanos capacitados e os poucos espaços institucionais para o desenvolvimento de novas práticas e serviços (Santos; Tesser, 2012).

Sabe-se que aspectos culturais e científicos frustram as tentativas de integrar as PICS ao modelo biomédico. Desse modo, faz-se necessário estabelecer uma política apropriada. No entanto, há uma considerável carência de diretrizes operacionais para a implantação das PICS, fato que dificulta a consolidação dessas práticas, especialmente na Atenção Primária à Saúde (APS) (Santos; Tesser, 2012).

4.3 Alguns dados sobre as práticas integrativas e complementares no mundo

Culturalmente aceitável, a MT/MCA é amplamente valorizada e utilizada em todo o mundo, e um grande número de pessoas a considera confiável. Além disso, é acessível e se destaca por ser uma forma de trabalhar com as doenças crônicas não transmissíveis, cujo número de casos vêm aumentando. Independentemente das razões que levam um indivíduo a buscar a MT/MCA, ela certamente tem ganhado notoriedade mundo afora (WHO, 2013; Ruela et al., 2019).

Conforme as recomendações atuais para a implementação das MT/MCA, expressas no documento intitulado *Traditional Medicine Strategy: 2014-2023* (WHO, 2013), houve um progresso significativo e constante na implementação desse tipo de medicina em boa parte das regiões do mundo. Embora os países tenham agido por sua própria iniciativa, o documento de estratégia original desempenhou um importante papel no apoio aos seus esforços. Estatísticas acerca do progresso global foram extraídas da Pesquisa Global da OMS em MT/MCA e são baseadas nos indicadores-chave descritos na versão anterior do documento, *Tradicional Medicine Strategy 2002-2005* (WHO, 2002).

As PICS variam muito de acordo com o país que as implementa, uma vez que elas envolvem aspectos como cultura, compreensão e acessibilidade. De acordo com a OMS (WHO, 2013), é fundamental criar uma política que leve em conta tais fatores para integrar a MT/MCA ao sistema de saúde nacional. Para isso, os estudos devem ser priorizados e apoiados de modo a gerar conhecimento, sendo necessário ampliá-los para além dos ensaios clínicos controlados e incluir outros métodos de avaliação, a exemplo de pesquisas comparativas de eficácia, padrões de uso e demais métodos qualitativos.

Nessa ótica, para a elaboração de uma política de integração, é preciso considerar a importância de cada prática no âmbito nacional. A ênfase deve residir na importância de documentar e estudar as práticas, a fim de categorizar as terapias ou modalidades MT/MCA que sustentarão as políticas apropriadas e os regulamentos.

Em alguns países, certas práticas foram completamente integradas ao sistema de saúde. Na Suécia, por exemplo, uma série de lições e de recomendações foram aprendidas com a integração da MT/MCA na atenção primária, e algumas importantes questões podem ser destacadas, como: a disponibilidade de treinamento especializado para médicos de clínica geral; preferencialmente, uma documentação baseada em computador que reflita o gerenciamento multimodular; a combinação de métodos de pesquisa qualitativa e quantitativa; o diálogo interdisciplinar e a colaboração geral (WHO, 2013).

Com relação às práticas utilizadas, a acupuntura se destaca. Com origem na medicina tradicional chinesa, ela é atualmente aplicada em todo o mundo. Com base em relatórios fornecidos por 129 países, constatou-se que 80% deles contam com essa prática (WHO, 2013; Ruela et al., 2019). Além disso, diversas nações também possuem formas tradicionais ou indígenas de cura enraizadas em suas culturas e histórias.

Sob essa perspectiva, com o crescente aumento de doenças crônicas e dos custos relacionados aos cuidados com a saúde, é mandatório que os serviços de saúde sejam revitalizados, na intenção de enfatizarem o cuidado individualizado e centrado na pessoa, incluindo a necessidade de se ter maior abertura para as PICS (WHO, 2013).

Desde a década de 1990, muitos são os países nos quais a MT/MCA vem sendo parcialmente coberta por instituições públicas e privadas. A Suíça foi um dos primeiros exemplos a integrar as PICS a seu sistema de saúde, que conta atualmente com as seguintes práticas: medicina antroposófica; homeopatia; terapia neural; fitoterapia; terapia tradicional chinesa com ervas. No Japão, 84% dos médicos usam as PICS em suas práticas diárias, e em 2011 o país contava com 276.517 farmacêuticos registrados, 92.421 acupunturistas, 90.664 moxacauteristas, 104.663 massagistas e 50.428 judoterapeutas (WHO, 2013).

Na Europa, mais de 100 milhões de pessoas utilizam a MT/MCA, sendo que muitos médicos franceses são especialistas em acupuntura e homeopatia – ambas são reembolsadas pela Segurança Social quando realizadas ou prescritas por médicos. Na França, a homeopatia é uma das PICS mais indicadas (Ruela et al., 2019). Ainda, há um número crescente de médicos interessados nessas práticas. Já na Alemanha, seguros públicos e privados oferecem o mesmo tipo de cobertura para determinadas PICS.

Igualmente, são milhares os usuários de MT/MCA na África, Ásia, Austrália e América do Norte (WHO, 2013).

Na Coreia do Sul, os médicos podem fornecer MT/MCA em hospitais e clínicas públicos e privados – tais serviços são cobertos desde a década de 1980. No Vietnã, essas práticas ocorrem em hospitais públicos e privados e nas clínicas do governo. Inclusive, há um seguro que cobre totalmente a acupuntura, bem como medicamentos fitoterápicos e tratamento com MT/MCA (WHO, 2013).

De acordo com a OMS (WHO, 2013), para a implementação da MT/MCA nos serviços de saúde, existem diferentes oportunidades e desafios vinculados a fatores como políticas nacionais, legislação, regulamentação, qualidade, segurança, eficácia, cobertura universal de saúde e integração nos sistemas de saúde. Embora certas questões econômicas sirvam de incentivo ao uso da MT/MCA, o previsto aumento da carga global de doenças crônicas é a razão mais urgente para desenvolver e fortalecer a colaboração entre a medicina convencional e a MT/MCA nos setores da saúde.

4.4 Evidências científicas da eficácia das práticas integrativas e complementares

Atualmente, existem diferentes bases de dados que contam com publicações científicas relacionadas às PICS. Destacam-se os mapas de evidências produzidos pela Biblioteca de Saúde Virtual de Medicinas Tradicionais, Complementares e Integrativas nas Américas (BVS MTCI Américas) em parceria com o Consórcio Acadêmico Brasileiro de Saúde Integrativa (Cabsin) e com o

Centro Latino-Americano e do Caribe de Informação em Ciências da Saúde (Bireme), que sistematizam evidências científicas em Medicinas Tradicionais, Complementares e Integrativas (MTCI).

A partir dos estudos realizados, a Coordenação Nacional de Práticas Integrativas e Complementares em Saúde do Ministério da Saúde (CNPICS/MS) lançou diferentes informes sobre evidências clínicas das PICS. Na sequência deste capítulo, apresentaremos o conteúdo desses informes, os quais trazem as evidências sobre as PICS relacionadas a diversas situações de saúde. A seguir, no Quadro 4.3, você poderá acompanhar um resumo das evidências e práticas relacionadas.

4.4.1 Obesidade

Considerada uma epidemia mundial, a obesidade tem origem multifatorial atribuída a diversos processos biopsicossociais, não sendo de responsabilidade unicamente individual, uma vez que o ambiente (político, econômico, social e cultural) tem lugar estratégico na análise do problema e nas intervenções.

Evidências científicas apontam que práticas como ioga, auriculoterapia e *tai chi chuan* são eficazes para o tratamento de adultos obesos ou com sobrepeso, especialmente no que se refere à diminuição do Índice de Massa Corporal (IMC) e do peso.

Além disso, a prática de *mindfulness* (meditação de atenção plena) indica resultados favoráveis referentes à compulsão alimentar por meio do treinamento da atenção plena em indivíduos adultos com sobrepeso e obesidade (Brasil, 2020a).

4.4.2 Diabetes Mellitus

O Diabetes Mellitus (DM) tem etiologia heterogênea e surge por conta da insuficiência de insulina, hormônio que controla os níveis de glicose no sangue, seja pela produção insuficiente, seja pela má absorção – por isso, é considerada uma doença endócrino-metabólica. Pode envolver fatores genéticos, biológicos e ambientais e se caracteriza por hiperglicemia crônica, decorrente de defeitos na secreção ou na ação da insulina.

São duas classificações diferentes: o Diabetes Mellitus tipo 1 (DM1) é autoimune, poligênico e resulta da destruição das células pancreáticas, já o Diabetes Mellitus tipo 2 (DM2) é de origem multifatorial, podendo envolver componentes genéticos e ambientais (Brasil, 2020a).

Segundo apontam as evidências científicas, práticas da medicina tradicional chinesa, tais como o *tai chi chuan* (movimentos lentos e circulares) e o *qi gong* (exercício aeróbico leve e de intensidade moderada), contribuem para o controle da hemoglobina glicada (HbA1c), da glicemia em jejum e da glicemia pós-prandial, bem como nos resultados dos testes de tolerância à glicose por duas horas, na sensibilidade à insulina, na viscosidade do sangue, nas boas taxas de triglicerídeos e de colesterol total. A ioga tanto apresenta efeitos positivos nos resultados glicêmicos como no controle de fatores de risco. Por sua vez, o efeito da meditação é indireto na redução da HbA1c, além de melhorar os efeitos psicológicos que perpassam as várias condições crônicas de saúde, incluindo a DM.

Outra prática alternativa de atuação positiva sobre o DM é a acupuntura, com resultados benéficos no controle da glicemia de jejum, na glicemia duas horas após teste de tolerância à glicose e na HbA1c (Brasil, 2020a).

4.4.3 Hipertensão arterial e fatores de risco para doenças cardiovasculares

A Hipertensão Arterial (HA) é uma doença crônica não transmissível caracterizada por elevados níveis da pressão sanguínea arterial. Ela pode ser agravada devido à presença de alguns fatores de risco, como obesidade, diabetes e dislipidemias, elevando o risco de morte por doença cardiovascular (DCV). Outros fatores também podem influenciar o aumento da pressão arterial (PA), como idade, sexo, etnia, ingestão de sal e álcool, sedentarismo, genética, estresse e condições socioeconômicas (Brasil, 2020b).

As PICS têm demonstrado eficácia no tratamento de indivíduos com HA e fatores de risco para DCV. Portanto, podem ser formas coadjuvantes benéficas e seguras de terapia. As evidências clínicas apontam que a auriculoterapia e as plantas medicinais com efeito anti-hipertensivo (como o alho) podem ser integradas ao tratamento de pessoas com HA. Ainda, a meditação também apresenta resultados psicológicos, fisiológicos e comportamentais, com efeitos positivos no equilíbrio mental e na redução do estresse. Além disso, pesquisas indicam que essa prática reduz o cortisol, a frequência cardíaca, a proteína C reativa e os triglicerídeos, contribuindo para o manejo da HA e dos fatores de risco para DCV (Brasil, 2020b).

As práticas corporais da medicina tradicional chinesa também melhoram significativamente a qualidade de vida, bem como os resultados fisiológicos e bioquímicos de pessoas com DCV, aumentando o bem-estar e a saúde de modo geral. Entre tais práticas, destacamos o *tai chi chuan* e o *qi gong*. O primeiro promove a melhora no desempenho físico (elevando a capacidade de exercício), no bem-estar psicossocial, na PA, na frequência cardíaca, nos níveis de lipídios e no cortisol. Já o *qi gong* melhora a qualidade de vida e a ação nos escores de humor depressivo, além de ter surtido efeitos positivos objetivos sobre o controle da PA, do colesterol total e da frequência cardíaca. Pode ser preconizado para a redução de fatores de risco e como terapia de exercício adjuvante para adultos e idosos com condições crônicas (Brasil, 2020b).

Também com efeitos benéficos para sujeitos com HA e/ou com risco de desenvolvimento de DCV, a prática de ioga é segura e suave e contribui para a saúde global. Apresenta ótimos resultados em relação ao aumento da qualidade de vida e do bem-estar emocional, principalmente para indivíduos sedentários e/ou com DCV, em virtude de sua baixa tolerância a exercícios físicos exaustivos. Estudos demonstram que o hábito da ioga é eficaz no tratamento complementar da HA, com uma redução significativamente maior da PA em comparação com outras formas de farmacoterapia, de educação em saúde e de cuidados habituais. As pesquisas também indicam resultados positivos no gerenciamento das DCV, a exemplo da PA, dos perfis lipídicos e de coagulação, do estresse oxidativo, da ativação simpática e da função cardiovagal, além de melhora em vários desfechos clínicos. Contudo, os benefícios são potencializados quando são incluídas técnicas de meditação e relaxamento (Brasil, 2020b).

4.4.4 Depressão

Considerada um transtorno multifatorial de elevada incidência, a depressão é um problema de saúde pública caracterizado por quadros de tristeza e irritabilidade, baixa autoestima, fadiga, ansiedade, distúrbios de sono e apetite, desinteresse, entre outros aspectos. Além disso, existem fatores de risco que comprometem a rotina e o cotidiano dos indivíduos com depressão, bem como o funcionamento interpessoal e o convívio social. Entre as PICS com efeitos positivos no controle dos sintomas depressivos, destacam-se: acupuntura, auriculoterapia, meditação, ioga, shantala, *qi gong* e *tai chi chuan* (Brasil, 2020c).

A auriculoterapia é tida como um tratamento eficaz para a depressão, uma vez que melhora os sintomas relacionados ao transtorno depressivo. Outra PICS interessante para esse caso é a meditação, que apresenta significativos efeitos positivos no alívio dos sintomas, além de contribuir para uma melhor atenção e de ser eficaz na redução de recaídas, no aumento da qualidade de vida, na realização pessoal e na satisfação com a vida, na diminuição do estresse e de marcadores fisiológicos de quadros de irritabilidade (Brasil, 2020c).

A prática de ioga também é positiva para a lida com a depressão, pois revela melhorias a curto e longo prazos nas funções cerebrais, produzindo um efeito sobre o humor e a resiliência. Durante a gravidez, a ioga é uma ótima opção não farmacológica para o manejo da depressão, com ótimos resultados em relação à saúde mental e ao bem-estar para mulheres e bebês, além de reduzir problemas psicológicos como ansiedade e depressão em mulheres com desequilíbrio menstrual (Brasil, 2020c).

Por sua vez, a medicina tradicional chinesa pode contribuir a curto e médio prazos na qualidade de vida e nos sintomas de depressão de pacientes com doenças crônicas e DCV. Por exemplo, o *qi gong* proporciona resultados favoráveis nos sintomas depressivos quando comparado com cuidados usuais. Já a prática de *tai chi chuan* se mostra consistentemente positiva em atenuar a gravidade da depressão, com benefícios na função motora, no equilíbrio, na flexibilidade e na fadiga de sujeitos com depressão diagnosticados com esclerose múltipla. A prática de 1 hora por dia, por um ano, indicou resultados significativos sobre o bem-estar psicológico, incluindo a redução do estresse e da depressão, bem como o aumento do bom humor (Brasil, 2020c).

4.4.5 Ansiedade

A ansiedade é um transtorno mental comum que pode se tornar patológico e trazer inúmeros malefícios ao funcionamento do corpo e da mente, acarretando consequências físicas como sentimentos desconfortáveis e desagradáveis, bem como sensações de medo, tensão exagerada e impactos negativos na qualidade de vida e no trabalho (Brasil, 2020c).

As evidências apontam que a acupressão traz resultados positivos para sintomas de ansiedade. Ainda, a acupuntura proporciona benefícios clínicos diretos nos sintomas imediatamente após a realização da intervenção. Além disso, a auriculoterapia tem apresentado resultados tão eficazes quanto a terapia medicamentosa no que diz respeito à ansiedade. Na aromaterapia, alguns óleos essenciais, como o de laranja doce, podem reduzir níveis de ansiedade, com atuação ansiolítica em pacientes submetidos a procedimento cirúrgico (Brasil, 2020c).

Para reduzir a ansiedade, a meditação também é muito mencionada entre as PICS, uma vez que promove melhorias no bem-estar, desfechos positivos no estado interno de calma, realização pessoal e aumento das emoções positivas. Para sujeitos com transtorno bipolar em remissão, o aumento na frequência da prática de meditação se mostra útil para atenuar os sintomas de ansiedade. A meditação de atenção plena ou com foco na respiração é mais fácil de ser realizada para indivíduos muito ansiosos e com alto grau fisiológico de excitação (Brasil, 2020c).

A prática de ioga traz efeitos benéficos na diminuição dos sintomas de ansiedade, estresse e em condições psicológicas, de acordo com vários estudos analisados, o que também inclui a fase da gestação. As pesquisas também apontam os benefícios desse hábito para reduzir a ansiedade em crianças e jovens. Portanto, a ioga é indicada para o gerenciamento do estresse e recomendada também para profissionais de saúde, contribuindo para a saúde física, emocional e mental (Brasil, 2020c).

Práticas corporais da medicina tradicional chinesa, como o *tai chi chuan*, têm efeito positivo na atenuação dos sintomas de ansiedade, pois eleva a percepção da qualidade de vida, sendo uma prática promissora para o trato com esse transtorno. Além disso, exercícios de *qi gong* apresentam bons efeitos para o alívio imediato da ansiedade em adultos saudáveis, o que pode ser percebido após um mês de prática (Brasil, 2020c).

4.4.6 Transtornos alimentares

Os Transtornos Alimentares (TAs) correspondem a padrões de comportamentos alimentares nocivos que acarretam prejuízos tanto para o consumo quanto para a absorção dos alimentos. Sua origem é multifatorial, isto é, pode envolver componentes biológicos, genéticos, psicológicos, socioculturais e familiares. Entre os TAs mais comuns estão a anorexia nervosa, a bulimia nervosa e o Transtorno da Compulsão Alimentar Periódica (TCAP).

A anorexia nervosa se refere à perda de peso intensa à custa de dietas extremamente rígidas (em quase todos os casos), à busca desenfreada pela magreza, à distorção da imagem corporal e a alterações do ciclo menstrual. Por sua vez, a bulimia nervosa se caracteriza por uma grande e rápida ingestão de alimentos, com sensação de perda do controle (episódios bulímicos), acompanhada de métodos compensatórios inadequados para o controle de peso, como o vômito autoinduzido, o uso de medicamentos, dietas e exercícios físicos. Por fim, o TCAP diz respeito a "episódios recorrentes de compulsão alimentar na ausência de uso regular de comportamentos compensatórios inadequados característicos da bulimia nervosa" (Brasil, 2020d, p. 4).

Com relação às PICS utilizadas nessas situações, estudos demonstram que a meditação de atenção plena (*mindfulness*) proporciona a mudança do comportamento alimentar, contribuindo de forma muito positiva. Além disso, sustenta-se a hipótese de que ela promove a redução da compulsão alimentar e aumenta os níveis de atividade física em adultos com sobrepeso e obesidade, elevando, também, a autoconsciência, a autoaceitação e a autoeficácia em relação à alimentação. Logo, ela possibilita uma redução nas frequências de episódios de compulsão alimentar. Ainda, quando combinada com estratégias comportamentais, produz efeitos ainda mais positivos (Brasil, 2020d).

As abordagens da medicina tradicional chinesa, como a ayurveda e a medicina antroposófica, proporcionam outros olhares para além da medicina convencional biomédica, ressaltando a importância da alimentação e da nutrição em todos os aspectos da saúde, o que inclui estratégias alimentares que envolvem diferentes dimensões: social, cultural, ecológica, nutricional, vitalista e espiritual (Brasil, 2020d).

4.4.7 Insônia

A insônia é considerada uma experiência subjetiva de sono inadequado, isto é, caracteriza-se pela dificuldade de iniciar ou manter o sono ou o despertar precoce, além de um sono não reparador, o que pode acarretar consequências negativas para o funcionamento sócio-ocupacional durante o dia. Sabe-se que algumas pessoas têm maior tendência de manifestar quadros de insônia quando passam por situações de estresse, doenças ou mudança de hábitos (Brasil, 2020e).

Para o tratamento de insônia em crianças, adolescentes e adultos, estudos científicos de elevado grau metodológico apontam as seguintes PICS com efeitos positivos: ioga, acupuntura, auriculoterapia, fitoterapia, meditação e práticas meditativas e corporais da medicina tradicional chinesa (shantala e *tai chi chuan*) (Brasil, 2020e).

A fitoterapia contribui para a indução e a melhora da qualidade do sono, especialmente o extrato raiz da valeriana (*Valeriana officinalis*), que não produz efeitos colaterais – tratamento indicado por 15 a 28 dias. Além disso, a planta *Melissa officinalis* proporciona efeitos semelhantes aos dos ansiolíticos ao ser utilizada moderadamente por 15 dias (600 mg/dia), apresentando uma redução de 42% na dificuldade de adormecer (Brasil, 2020e).

A prática de meditação de atenção plena (*mindfulness*) gera resultados favoráveis no tratamento da insônia, cujos efeitos podem ser sentidos durante três meses após a intervenção. O treinamento de atenção plena eleva a qualidade geral do sono em adultos. Outra prática que favorece para diminuir a insônia tanto em adultos como em idosos é o *tai chi chuan*. Seus efeitos positivos incidem sobre a duração do sono, a eficiência habitual, os distúrbios, bem como a disfunção e sonolência diurnas (Brasil, 2020e).

A ioga também é benéfica para o tratamento da insônia e dos distúrbios do sono. Estudos apontam que seis meses realizando essa prática geram ótimos resultados no aumento da duração do sono (em 60 minutos, aproximadamente), com consequente redução da necessidade de tomar medicação para dormir. Observa-se, ainda, o efeito superior das práticas de ioga sobre exercícios aeróbicos destinados a melhorar o sono (Brasil, 2020e).

Para bebês, crianças e adultos, a shantala (tipo de massagem terapêutica) também aponta para resultados positivos em relação à melhora da qualidade do sono, devido aos benefícios da estimulação nas mãos (Brasil, 2020e).

Quadro 4.3 – Resumo das evidências das PICS segundo os informes clínicos da CNPICS/MS

Condição clínica	PICS
Obesidade	Ioga; meditação; acupuntura; auriculoterapia; acupressão; práticas corporais da medicina tradicional chinesa.
Diabetes Mellitus	Ioga; meditação; acupuntura; auriculoterapia; práticas corporais da medicina tradicional chinesa (*tai chi chuan*).
Hipertensão e fatores de risco para doenças cardiovasculares	Ioga; auriculoterapia; plantas medicinais (alho); meditação; práticas corporais da medicina tradicional chinesa (*tai chi chuan* e *qi gong*).
Depressão e ansiedade	Ioga; acupressão; acupuntura; auriculoterapia; aromaterapia; meditação; práticas corporais da medicina tradicional chinesa (shantala).
Transtornos alimentares	Meditação (*mindfulness*).
Insônia	Ioga; acupuntura; auriculoterapia; fitoterapia; meditação; práticas meditativas e corporais da medicina tradicional chinesa (shantala).

Fonte: Elaborado com base em Brasil, 2020a; 2020b; 2020c; 2020d; 2020e.

4.5 Práticas Integrativas e Complementares em Saúde em serviços de saúde

As PICS podem ser ofertadas nos serviços de saúde de acordo com a organização e a demanda locais, sendo transversais a toda a rede. No entanto, a APS segue sendo o foco principal da PNPIC para a implantação das PICS (Habimorad, 2015; Brasil, 2018c; Ruela et al., 2019).

Nesse sentido, cabe às equipes de APS colocar em prática as PICS tendo em vista o cuidado próximo e integral da população de seu território, nos contextos familiar e social e com base na multidisciplinaridade (Santos; Tesser, 2012; Brasil, 2018c).

A seguir, apresentaremos alguns aspectos importantes a respeito da implantação das PICS nos serviços de saúde, os quais podem ser adaptados conforme a necessidade de cada município ou serviço de saúde (Brasil, 2018c).

Em uma pesquisa-ação realizada no Estado de Santa Catarina, Santos e Tesser (2012) definiram passos importantes para a implementação das PICS nos serviços de saúde. Os autores elaboraram um método composto de quatro fases, separadas didaticamente a fim de facilitar a compreensão do processo:

i. Estabelecimento de responsáveis.
ii. Análise situacional.
iii. Regulamentação.
iv. Implantação.

Reforça-se a importância de se considerar todas as influências que podem interferir nesse processo, tais como atuação de gestores, políticas institucionais, sujeitos envolvidos (e suas competências), culturas local e organizacional etc. A coparticipação no estabelecimento das PICS é tão importante quanto os resultados obtidos, pois se reflete em mudanças na percepção dos colaboradores e na cultura da própria instituição.

Desse modo, o método favorece o desenvolvimento de ações sólidas e sustentáveis, contribuindo para uma gestão participativa e promovendo a ampliação de práticas e saberes no cuidado em saúde de modo mais responsável e cuidadoso, além de proporcionar o registro de experiências e a implantação das PICS na APS (Santos; Tesser, 2012).

Com base nos trabalhos de Santos e Tesser (2012), o Ministério da Saúde (MS) elaborou, em 2018, um *Manual de implantação de serviços de práticas integrativas e complementares no SUS* (Brasil, 2018c), no qual consta um passo a passo para que os serviços de saúde possam implantar tais práticas. As etapas propostas pelo MS estão apesentadas na Figura 4.2 e serão discutidas na sequência.

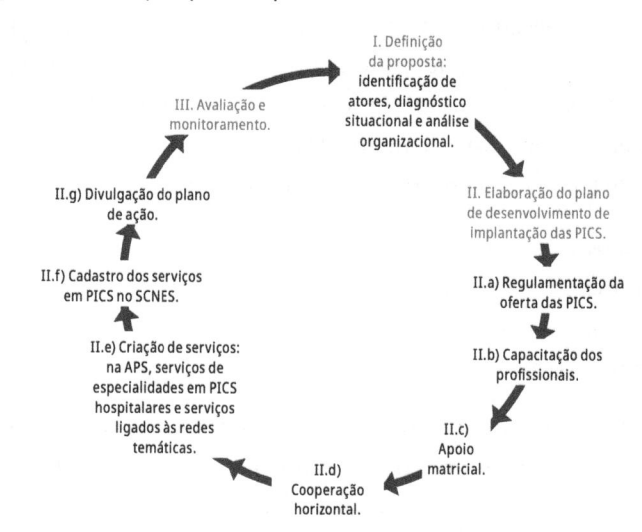

Figura 4.2 – Etapas para implementar as PICS no SUS

- I. Definição da proposta: identificação de atores, diagnóstico situacional e análise organizacional.
- II. Elaboração do plano de desenvolvimento de implantação das PICS.
- II.a) Regulamentação da oferta das PICS.
- II.b) Capacitação dos profissionais.
- II.c) Apoio matricial.
- II.d) Cooperação horizontal.
- II.e) Criação de serviços: na APS, serviços de especialidades em PICS hospitalares e serviços ligados às redes temáticas.
- II.f) Cadastro dos serviços em PICS no SCNES.
- II.g) Divulgação do plano de ação.
- III. Avaliação e monitoramento.

Fonte: Elaborada com base em Brasil, 2018c.

4.5.1 Definição da proposta

O primeiro ponto recomendado para a implantação de ações de PICS nos serviços de saúde corresponde a um mapeamento de todos os profissionais capacitados que atuam ou não nos serviços e estabelecimentos que trabalham com tais práticas. Além disso, sugere-se a identificação de profissionais com interesse em aprender e aplicar esses conhecimentos nos serviços, mesmo que ainda não tenham formação em PICS.

Nessa etapa, também se aconselha a formação de um núcleo – se possível, multiprofissional – com a participação de trabalhadores e usuários com conhecimento em PICS, para ser responsável pela condução do processo. Ainda, a fim de proporcionar o enriquecimento com outras experiências e vivências, pode-se identificar profissionais de municípios vizinhos, especialistas, acadêmicos ou assessores externos (Santos; Tesser, 2012; Brasil, 2018c).

Após a formação do núcleo, caberá a ele conduzir um processo de implementação das PICS com base nas necessidades locais e nas vulnerabilidades identificadas por meio das condições de vida e de saúde e do perfil epidemiológico da população do território. O diagnóstico deve ser realizado tanto para a APS como para os serviços de média e alta complexidade.

Para auxiliar no processo de mapeamento, algumas tarefas podem ser realizadas pelo núcleo, tais como:

- recorrer aos relatórios das Equipes de Atenção Básica (EABs), às fichas de cadastro individual dos usuários e às fichas de visita domiciliar do e-SUS Atenção Básica (e-SUS AB) usadas pelos Agentes Comunitários de Saúde (ACSs)
- com o auxílio dos agentes, entregar questionário aos usuários a fim de compreender o ponto de vista destes;

- valorizar a cultura e a identidade local;
- identificar os conhecimentos tradicionais das comunidades locais e aplicar as práticas de acordo com as potencialidades do território (Brasil, 2018c).

O estabelecimento de metas e objetivos e a inclusão das necessidades e ofertas de PICS no plano municipal de saúde e na lei de diretrizes orçamentárias do município (definição de recursos orçamentários e financeiros) são etapas importantes para fortalecer a PNPIC no âmbito municipal.

A esse respeito, será necessário avaliar, com base no proposto no plano municipal de saúde, a organização e a sistematização da oferta das PICS dentro dos serviços existentes e a necessidade ou não de contar com locais adequados para as práticas ofertadas.

Ainda, aconselha-se que as equipes de atenção básica identifiquem, em seus territórios, eventuais grupos, associações comunitárias, instituições da sociedade civil, escolas e creches, núcleos religiosos etc., com o objetivo de propor parcerias para o desenvolvimento das PICS, fortalecendo, assim, a criação de uma rede de apoio intersetorial. Outro aspecto importante diz respeito à discussão e à aprovação do Conselho Municipal de Saúde (CMS) em relação às ações propostas (Brasil, 2018c).

Em todo esse processo, algumas questões devem ser observadas, a saber:

- Existem práticas já desenvolvidas no território? Se sim, quais?
- Existem profissionais já habilitados em algumas práticas? Se sim, quais profissionais e práticas?
- Existem profissionais interessados em participar de formação para desenvolver PICS?

- Seria possível convidar especialistas, acadêmicos ou assessores externos?
- Qual é o perfil epidemiológico e de saúde da população? Quais PICS já são utilizadas pelas pessoas que vivem no território? (Paraná, 2023).

4.5.2 Elaboração do plano de desenvolvimento de implantação das Práticas Integrativas e Complementares em Saúde

Com base no diagnóstico realizado anteriormente, as ações devem ser sistematizadas em um documento em conjunto com os atores envolvidos, por meio da indicação da ação a ser realizada, do prazo para implementação, das ferramentas necessárias e dos responsáveis por cada ação. Além disso, será necessário regulamentar as PICS por meio de:

i. norma do serviço no qual as práticas serão ofertadas;
ii. Ato Institucional do gestor municipal, estabelecendo normas gerais para o desenvolvimento das PICS, em consonância com a PNPIC;
iii. política municipal, com trâmites legais próprios.

Com base nessa regulamentação, será possível iniciar a organização das ofertas. Além disso, aconselha-se a promoção de ações para a sensibilização dos trabalhadores sobre o tema e a realização de atividades de Educação Permanente em Saúde (EPS).

O apoio matricial tem o objetivo de viabilizar o suporte técnico-pedagógico-assistencial em áreas específicas para as equipes ou os profissionais responsáveis pelo desenvolvimento das ações de saúde, representando uma maneira de inserir as PICS no SUS, tanto em processos de EPS como nos formativos.

No que se refere à cooperação horizontal, ela diz respeito à troca de saberes, conhecimentos e práticas e se relaciona ao compartilhamento de experiências exitosas possíveis de serem aplicadas na rotina de trabalho das equipes envolvidas. Isso pode ser feito mediante parcerias com diferentes atores e instituições, como equipes de territórios ou municípios.

As ações poderão ser oferecidas nos serviços de APS, de especialidades em PICS, hospitalares e em outros vinculados às redes temáticas que precisarão ser criados. Para isso, o cadastro das unidades de saúde e dos profissionais de saúde no Sistema de Cadastro Nacional de Estabelecimentos de Saúde (SCNES) será primordial para operacionalizar o sistema. Após o registro no SCNES, torna-se possível monitorar e direcionar ações a fim de ampliar a atuação das equipes e de fortalecer as políticas. Desse modo, a atualização dos dados é fundamental para manter a transparência e a efetividade da implantação das PICS (Brasil, 2018c).

Outro sistema importante para as ações da APS se refere ao Sistema de Informação em Saúde para a Atenção Básica (Sisab), que integra o e-SUS AB. Trata-se de uma estratégia do MS para incrementar a gestão da informação e a automação de processos, além de promover a melhora das condições de infraestrutura e dos processos de trabalho. Portanto, os registros nos sistemas de informação são essenciais para o planejamento, o monitoramento e a avaliação das PICS ofertadas no SUS, pois contribuem para a compreensão de como a PNPIC está sendo implementada no território, mediante a identificação dos pontos fortes e dos desafios a serem superados (Brasil, 2018c).

Após ser finalizado, o plano poderá ser levado ao conhecimento dos profissionais e da população por meio de ações de divulgação (mídia, cartazes etc.). Também se recomenda organizar um encontro com profissionais e gestores, a fim de divulgar a regulamentação e os novos fluxos institucionalizados, para que todos estejam cientes do processo e comprometidos com ele.

4.5.3 Avaliação e monitoramento

Na construção da proposta de implantação das PICS, faz-se necessário refletir sobre as informações e os indicadores específicos de cada local, com a finalidade de facilitar o acompanhamento de todo o processo de implantação, bem como de seus resultados. Assim, a avaliação e o monitoramento favorecem a melhoria constante dos serviços. Além disso, com o apoio de instrumentos, é possível estabelecer metodologias próprias para monitorar os serviços, mediante indicadores de processo e de resultados. Tais indicadores podem ser:

- **Quantitativos**: Número (ou percentual) de profissionais envolvidos e já capacitados; redução de uso de medicamentos alopáticos; adesão das PICS pelos usuários; quantidade de profissionais capacitados para executar determinada prática e observação do aumento da oferta dessa prática na rede de saúde etc.
- **Qualitativos**: Percepção dos usuários e dos profissionais sobre as PICS.

> **Para saber mais**
>
> BRASIL. Ministério da Saúde. Secretaria de Atenção à Saúde. Departamento de Atenção Básica. **Manual de implantação de serviços de práticas integrativas e complementares no SUS**. Brasília, 2018. Disponível em: <http://189.28.128.100/dab/docs/portaldab/publicacoes/manual_implantacao_servicos_pics.pdf>. Acesso em: 16 jun. 2023.
>
> Saiba mais sobre como implantar e monitorar as PICS nos serviços de saúde acessando o manual.

Síntese

Neste capítulo, abordamos o histórico do surgimento das Práticas Integrativas e Complementares em Saúde (PICS) como práticas de saúde humanizadas e centradas na integralidade do indivíduo, a partir de uma visão ampliada do processo saúde-doença e da promoção global do cuidado e do autocuidado.

Analisamos como ocorreu o processo de implantação das PICS no Brasil, bem como sua inserção no Sistema Único de Saúde (SUS), com a publicação da Política Nacional de Práticas Integrativas e Complementares (PNPIC). Com isso, o país se tornou destaque em relação aos sistemas universais, seguindo os objetivos primordiais estabelecidos pela Organização Mundial da Saúde (OMS) e pelas conferências mundiais a respeito das práticas integrativas e complementares.

Por fim, identificamos a aplicabilidade e os benefícios comprovados das práticas integrativas e complementares em diversas condições de saúde, além de apresentarmos os passos para a implantação da PICS nos serviços de saúde, reconhecendo, inclusive, que existem desafios para isso.

Questões para revisão

1. Marque V nas assertivas verdadeiras e F nas falsas.
   ( ) As PICS são consideradas práticas de saúde humanizadas e centradas na integralidade do indivíduo.
   ( ) O processo de legitimação e institucionalização das PICS na saúde pública brasileira teve início na década de 1980, após a criação do Sistema Único de Saúde (SUS).
   ( ) As PICS foram implantadas no SUS em 2006, por meio da Política Nacional de Práticas Integrativas e Complementares (PNPIC).
   ( ) Embora as PICS tenham sido implementadas no Sistema Único de Saúde (SUS), não podemos afirmar que são benéficas para a saúde da população.

   A seguir, indique a alternativa que corresponde à sequência correta:

   a) F, V, V, F.
   b) V, F, V, V.
   c) V, V, V, V.
   d) V, V, V, F.
   e) V, F, V, V.

2. Acerca da Política Nacional de Práticas Integrativas e Complementares (PNPIC), assinale a alternativa **incorreta**:
   a) A PNPIC representou um avanço em relação à integralidade da atenção à saúde a partir de uma visão global do indivíduo, levando em consideração sua singularidade e os processos de saúde-doença.
   b) A PNPIC contribuiu para a corresponsabilidade das pessoas pela própria saúde e para o aumento do exercício da cidadania.
   c) Embora a PNPIC se baseie em um modelo de atenção humanizada, não podemos afirmar que ela ajuda a fortalecer os princípios fundamentais do Sistema Único de Saúde (SUS).
   d) A PNPIC contempla responsabilidades institucionais para a implantação e a implementação das PICS, orientando as esferas de governo (estados, Distrito Federal e municípios) a instituir normativas próprias para o Sistema Único de Saúde (SUS).
   e) Com a normatização e a consequente institucionalização das experiências com as PICS na rede pública, foram desenvolvidos políticas, programas e normativas legais nas três esferas de governo.

3. De acordo com os informes clínicos da Coordenação Nacional de Práticas Integrativas e Complementares em Saúde do Ministério da Saúde (CNPICS/MS), existem evidências sobre a aplicação de algumas práticas integrativas para a obesidade em adultos. A seguir, marque a única alternativa que **não** corresponde a uma dessas práticas:
   a) Ioga.
   b) Meditação.
   c) Auriculoterapia.
   d) Acupressão.
   e) Shantala.

4. A Organização Mundial da Saúde (OMS) reconhece alguns desafios para a implementação das Práticas Integrativas e Complementares em Saúde (PICS) nos serviços de saúde. Quais são eles?

5. Existem evidências cientificamente comprovadas dos benefícios das Práticas Integrativas e Complementares em Saúde (PICS) em diversas condições de saúde. Com relação à ansiedade, muito comum nos dias atuais, discorra sobre quais práticas podem ser utilizadas para tratá-la.

Questões para reflexão

1. As Práticas Integrativas e Complementares em Saúde (PICS) podem ser ofertadas nos serviços de saúde de acordo com a organização e a demanda locais, sendo transversais a toda a rede e tendo como foco principal a Atenção Primária à Saúde (APS). Você já observou se no município em que você mora há oferta de alguma(s) prática(s) integrativa(s)? Em caso positivo, identifique qual ou quais são elas e reflita se tais práticas são conhecidas e utilizadas pela população.

2. As Práticas Integrativas e Complementares em Saúde (PICS) são práticas de saúde humanizadas e centradas na integralidade do indivíduo. Considerando o perfil epidemiológico atual da população, de acordo com o qual prevalece o aumento de doenças crônicas não transmissíveis, e com base no conteúdo deste capítulo, reflita sobre quais são as práticas que você considera importantes para serem implementadas nos serviços de saúde.

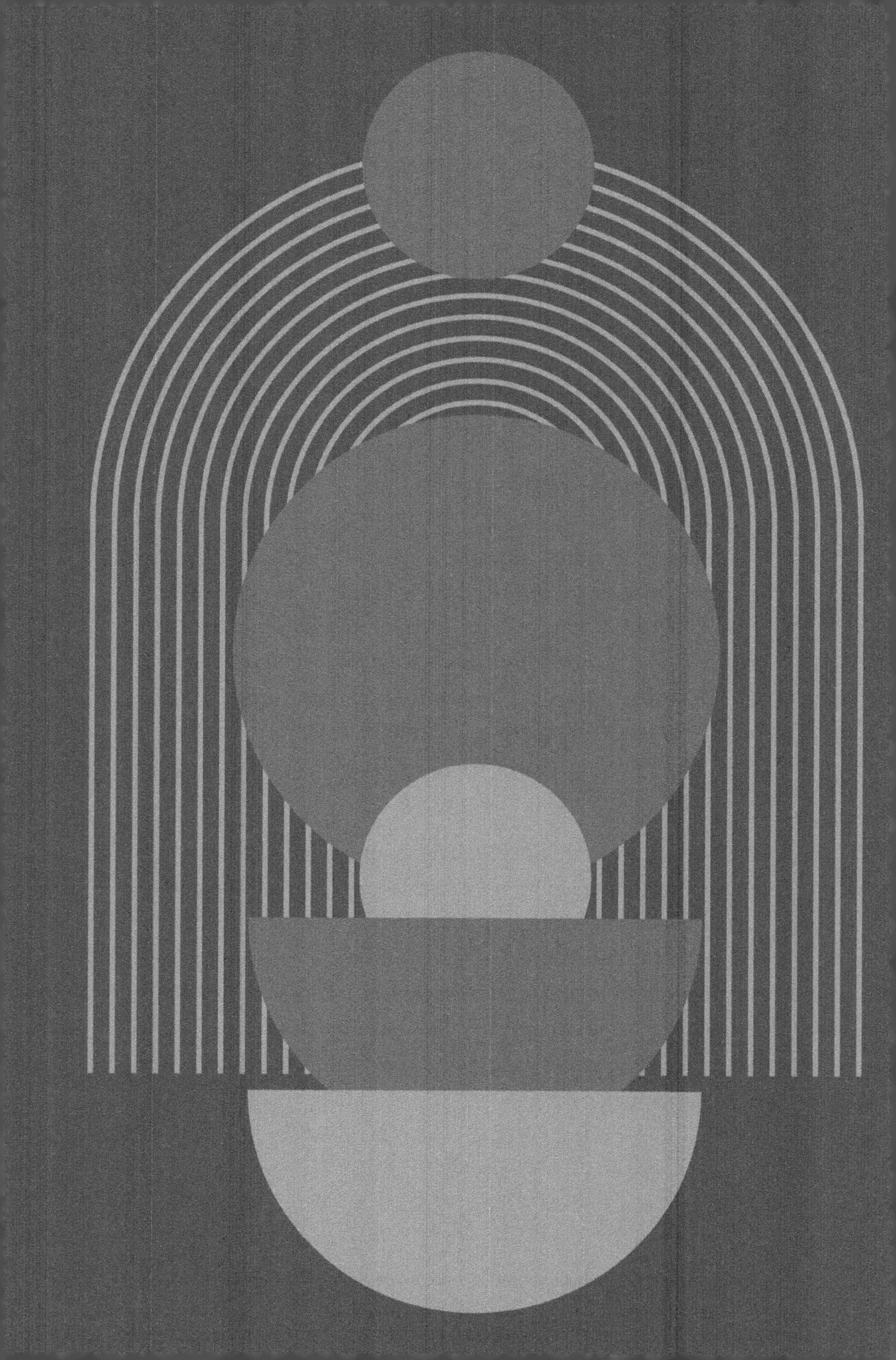

Capítulo 5

Psicologia organizacional e Práticas Integrativas e Complementares em Saúde

Caroline Pereira Mendes

Conteúdos do capítulo:

- Estrutura e funcionamento das organizações.
- Relação entre organizações e indivíduos.
- Desenvolvimento das organizações.

Após o estudo deste capítulo, você será capaz de:

1. identificar os níveis da organização;
2. entender a dinâmica e as correlações entre as empresas e os seres humanos;
3. fazer intervenções assertivas no ambiente organizacional;
4. ter uma visão ampliada do ser humano;
5. usar ferramentas e formas de gestão para melhorar a relação consigo e com os processos organizacionais, bem como com seus resultados.

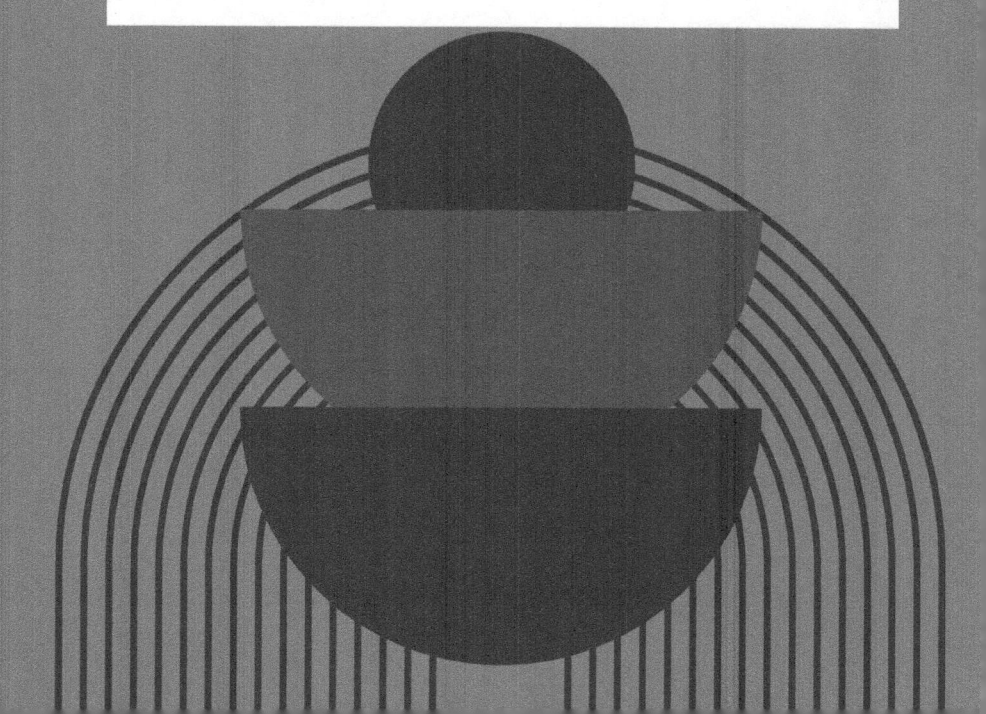

A psicologia organizacional tem o desafio de apoiar a construção e a manutenção de relações saudáveis entre indivíduos e organizações. Nesse sentido, entender profundamente o funcionamento organizacional em uma visão holística e integrada ao ser humano permite vislumbrar intervenções mais assertivas das práticas integrativas e complementares. Além disso, possibilita que o próprio agente de saúde avalie e faça melhorias de qualidade na instituição em que está oferecendo seus serviços, a fim de que o paciente viva uma experiência salutogênica desde o primeiro contato.

5.1 O desenvolvimento das organizações

As organizações fazem parte da nossa vida desde a infância, pois a própria família é um exemplo de organização social. Nesse sentido, o conteúdo que apresentaremos ao longo deste capítulo se aplica a qualquer tipo de organização, com ou sem fins lucrativos, grande ou pequena, incluindo até mesmo uma família sem filhos.

É certo que temos uma relação intensa e visceral com as empresas e, a esse respeito, ousamos afirmar que isso se explica no fato de que nós as criamos à nossa imagem e semelhança. Assim como acontece conosco, elas passam por um processo de desenvolvimento complexo, repleto de crises, desafios e questionamentos.

Sob essa ótica, atuar no desenvolvimento humano dentro de uma organização traz benefícios para os atores diretamente envolvidos (pacientes e agente de saúde) e exerce influência indireta sobre as ações que ocorrem fora dela. Por exemplo, a prática de acupuntura certamente impactará a atuação de um colaborador no ambiente corporativo. Por sua vez, pelo lado institucional, uma intervenção – a exemplo de um alinhamento das expectativas de determinado cargo – acarretará reflexões e uma forma de atuar que será levada para a prática não só no ambiente organizacional, mas também no ambiente familiar e nas demais relações.

Nessa perspectiva, podemos dizer que zelar pelo ser humano que faz parte da empresa consiste em uma grande oportunidade para, também, tratar da organização da qual ele faz parte e das outras de que ele participa: a família, o ambiente social que o envolve etc.

Assim, ampliar o olhar na intenção de compreender de que modo as organizações funcionam certamente nos ajuda a estabelecer relações mais conscientes e transformadoras em diferentes contextos.

5.1.1 O caminho até aqui

Todos os dias, surgem organizações inovadoras, com espaço para cocriar e contribuir, mas a realidade é que o cenário nem sempre foi esse. Em uma breve retrospectiva temporal, notamos que, em um passado ainda recente, as organizações exerciam o comando com muita autoridade, até mesmo usando a violência para que os funcionários cumprissem suas tarefas e metas.

Por meio de revoltas levadas a cabo pelos trabalhadores, a forma de trabalhar a gestão começou a mudar. Foram estabelecidos papéis formais em uma estrutura organizacional bem piramidal, com a presença de um chefe que considerava a máxima *manda quem pode, e obedece quem tem juízo*. Ou seja, estamos falando de um ambiente em que pouco se ouvia dos funcionários e que incorria em muitas diretivas, sem espaço para contribuições.

Claramente, tratava-se de um modelo que exigia dos funcionários apenas a execução de algo planejado em outro nível. Infelizmente, esse modelo ainda faz parte de organizações mundo afora. No entanto, os novos tempos trouxeram a necessidade de mais inovação. Nesse contexto, começou a se estabelecer um modelo com liberdade para criação, afinal, é preciso raciocinar para pensar em formas mais eficientes de produção.

Mais recentemente, surgiu o fortalecimento do senso de coletivo nos ambientes organizacionais, com uma estrutura mais horizontal, responsabilidades claras e compartilhadas, regidas e inspiradas por modelos holocráticos e sociocráticos.

Atualmente, todos esses modelos de gestão convivem e se encontram no universo organizacional. Muitas vezes, em uma mesma organização, é possível observar áreas que empregam mais de um deles.

De todo modo, as mudanças ocorreram e vão seguir acontecendo no ambiente das organizações. Isso porque nós, como humanidade, estamos em constante desenvolvimento. E para entendermos como chegamos até aqui, vamos fazer uma breve incursão até um passado distante, na época do Egito antigo.

Naquele período, as pessoas eram enterradas juntas ao faraó. É conflitante pensarmos nisso com a mentalidade que temos atualmente, não é mesmo? Porém, antigamente, era uma prática considerada normal. Por quê? A verdade é que ainda não tínhamos a possibilidade de fazer valer nossas próprias vontades ou escolhas, isto é, não havia como acessar o nosso *eu* – sequer essa palavra existia. Existia, sim, uma consciência coletiva, mas não individual. Por isso, não havia revolta, e a vida de cada um pertencia ao faraó. A individualidade não estava presente.

Em um passado mais recente, na época greco-romana, as pessoas começaram a se questionar e a expor seus pensamentos.

Foi o despertar da consciência do *eu*, da máxima *cogito, ergo sum*[1], isto é, um marco do processo de individuação, que nos permitiu sermos "donos de nós mesmos".

Com ele, vieram o direito romano e a lei da propriedade privada e da herança. E em um passado mais próximo, houve o despertar para o mundo material, em que dominamos a natureza e a individualidade e nos tornamos capazes de encontrar respostas para as muitas questões que desde a Antiguidade permearam as sociedades.

Para encontrar essas respostas, fomos nos desligando do mundo espiritual, dos laços de sangue, das tradições comportamentais e também da natureza, que agora está sob nosso domínio e destruição. Alcançamos uma individualidade livre e cada vez mais solitária.

Sensações de medo e egoísmo são frutos desse processo de individuação e estão contrapondo uma possibilidade de integração que vem surgindo, representada na preocupação com o meio ambiente, nos movimentos sociais e colaborativos, na sustentabilidade e nas novas formas de cuidar da saúde, e não só da doença.

Enfim, o desenvolvimento não cessa. A cada dia temos a escolha de nos tornarmos indivíduos integrados ao coletivo, com a firme presença do *eu* – ou, então, sucumbir ao egocentrismo. Nesse cenário, o ambiente organizacional é um grande palco para experienciar esse processo de desenvolvimento, porque é no encontro com o outro, em grupo, que conseguimos nos desenvolver.

---

1 *Penso, logo existo* – célebre frase de René Descartes, presente em sua obra *O discurso do método*.

5.1.2 A construção do conteúdo

A partir de agora, vamos, paulatinamente, nos aprofundar no entendimento sobre o ser humano e sua relação com as organizações. Para isso, recorreremos a um modo de ver e estudar as empresas (privadas, estatais, com ou sem fins lucrativos) desenvolvido por Jair Moggi e Daniel Burkhard, dois consultores com muita experiência em processos de mudanças organizacionais. Estudiosos da antroposofia de Rudolf Steiner, Moggi e Burkhard (2014a, 2014b, 2005) utilizaram como base o arquétipo da estrutura do ser humano e, com base nela, desdobraram um conceito holístico de organização.

A construção do conteúdo relacionando os seres humanos às organizações revela que, como nós, elas são vivas e, em sua estrutura, compostas de quatro níveis. Ao conhecermos e nos apropriarmos dessa estrutura, torna-se possível atuar no desenvolvimento da empresa, a fim de que ela alcance o objetivo inicialmente proposto em sua criação e tenha um impacto positivo no tratamento do paciente, assim como se constitua um espaço de trabalho saudável para o agente de saúde. Trata-se de uma jornada de desenvolvimento, de integração com o ser humano e a sociedade, que segue uma linha de evolução, com crises, fases arquetípicas e reformulações.

No mundo de hoje, percebemos que as instituições são criadas a partir de impulsos e vontades dos seres humanos. Por conta disso, sua estrutura, funcionamento e propósito estão intimamente vinculados a nossa estrutura, funcionamento e propósito. É essa relação que vamos abordar em detalhes ao longo deste capítulo.

Para tanto, faremos uso de arquétipos, que dizem respeito a conceitos que todos conhecemos, mas nem sempre sabemos disso. São imagens universais, como a de uma árvore, por exemplo, que reconhecemos e imaginamos com certas características arquetípicas, como raiz, tronco, galhos, flores e frutos. No entanto, individualmente, cada sujeito imagina sua própria árvore: com ou sem flores, grande ou pequena, com folhas largas ou pequenas etc. Isso acontece porque a especificidade da espécie, o desenvolvimento e seu crescimento são elementos que fazem cada árvore ser única, embora o arquétipo da árvore seja o mesmo.

Outro exemplo é o arquétipo da mãe, que evoca imagens universais de carinho, nutrição e proteção. Ainda que ouçamos histórias envolvendo mães diferentes, em qualquer posição geográfica, no oriente ou no ocidente, e independentemente da época, todo ser humano reconhece o arquétipo de mãe com esses atributos. O mesmo se dá com milhares de outras imagens universais.

5.2 Natureza, ser humano e organização

Ainda na escola, quando éramos crianças, aprendemos que toda a natureza se divide em reinos, em agrupamentos por similaridade. Aqui, vamos trabalhar com o arquétipo de quatro deles: reino mineral, reino vegetal, reino animal e reino hominal – que contém apenas o ser humano. Retiramos o homem do reino animal porque a humanidade conquistou o pensamento contínuo e a razão, o que a diferencia dos demais animais.

Nossa intenção é provocar você, leitor, a refletir sobre as características desses quatro reinos e como elas influenciam os seres humanos e, por conseguinte, as organizações. A estrutura de tais reinos está apresentada no Quadro 5.1, a seguir.

Quadro 5.1 – Estrutura demonstrativa da relação entre reinos, seres humanos e organizações

Reinos	Ser humano	Organização
Reino mineral	Corpo físico	Estrutura
Reino vegetal	Corpo vital ou etérico	Processos
Reino animal	Corpo anímico ou astral	Relações
Reino hominal	Eu	Identidade

5.2.1 Reino mineral: corpo físico – nível de recursos

Fazem parte do reino mineral a água, o solo, as rochas, os minérios, bem como as leis químicas e físicas, como a da gravidade, além de muitos elementos químicos, sendo alguns bem conhecidos, a exemplo do ferro, do cálcio, do nitrogênio e do fósforo.

Trata-se de um reino extremamente importante para a manutenção da vida na terra – por exemplo, seria impossível vivermos sem água ou ar. E mesmo com esse papel vital, ele é formado por tudo aquilo que não tem vida.

O **corpo físico** consiste na porção material que temos em comum com o reino mineral. Assim como acontece na natureza, ele sustenta a nossa vida, mas não tem vida. Um componente desse corpo físico e seu maior representante é o esqueleto, que nos sustenta. Então, você consegue imaginar o que seria de nós sem o cálcio, o principal elemento químico presente no esqueleto? E sem o ferro, que existe em abundância no sangue? Além disso, o organismo humano é composto por 60% de água. E, mesmo com tudo isso, o reino mineral ainda não tem vida por si só.

Em uma empresa, a lógica é a mesma. Toda organização conta com uma estrutura, o que não é exclusivo de grandes instituições, já que negócios pequenos também têm uma estrutura mínima. Um aparelho celular, o computador, a mesa de trabalho, a cadeira, o prédio em que a empresa está instalada, o dinheiro do caixa e a energia elétrica são alguns exemplos do que entendemos como *recursos da organização*.

Porém, perceba que, mesmo assim, ela ainda não tem vida, movimento. É como se chegássemos em uma fábrica em um momento em que ela não está funcionando: tudo parado, luzes desligadas, mas a estrutura (o recurso) está lá.

Nesse nível da organização, é importante entender quais são os recursos necessários e imprescindíveis para a realização de determinado procedimento e deixá-los sempre organizados e disponíveis. É um passo importante de estruturação e investimento financeiro para cada prática que é oferecida.

5.2.2 Reino vegetal: corpo vital ou etérico – processos

Quanto ao reino vegetal, podemos supor que, ao pensar sobre ele, a primeira coisa que vem à sua mente é o ciclo da vida: as plantas nascem, crescem, desenvolvem-se, reproduzem-se e morrem.

No entanto, nesse reino também estão presentes outros sistemas, como: o da respiração, que fornece energia para as plantas; o da reprodução, necessário para a propagação da espécie; e o da fotossíntese, por meio do qual elas captam a energia luminosa. Bastam alguns dias sem água para uma planta murchar e a falta de um ou outro elemento para ela amarelar e, até mesmo, morrer.

Nos seres humanos, o chamado *corpo vital* ou *etérico* não é visível aos olhos. Assim como nas plantas, existem muitos sistemas operando nele. Por exemplo, a circulação (o sistema circulatório), que nas plantas é realizada pelo xilema e pelo floema, em nós fica a cargo das veias e artérias; a respiração (sistema respiratório) é realizada mediante trocas gasosas etc.

É incrível pensar que, nesse momento, sem que nos demos conta, vários fluxos estão acontecendo no organismo: trocas gasosas, produção de hormônios, filtragem do sangue e tantos outros.

Graças a eles, sentimos a vida, podemos falar sobre a vitalidade ou o cansaço do corpo, bem como sobre o ritmo em nossos processos vitais. E se tudo está em equilíbrio, experimentamos a boa saúde, um ótimo estado de energia e um grande bem-estar interior.

Uma condição que representa esse corpo é o coma. Inclusive, é comum ouvirmos a expressão *estado vegetativo*, que se refere a uma pessoa em estado inconsciente, embora ainda esteja viva. Ou seja, em seu organismo, os fluxos estão funcionando, mas nada podemos ver além desse inconsciente.

Já nas organizações, o nível correspondente é o de processos, que diz respeito aos fluxos e às ações que dão vida aos recursos materiais que abordamos no nível anterior. Existem processos para atender um paciente, fazer uma anamnese, recomendar um tratamento, tratar um resíduo etc. É possível que tais processos não sejam escritos, estruturados, mas são eles que "fazem a roda girar".

Atuar no reconhecimento de quais processos são vitais para o bom atendimento ao paciente, redigi-los de forma que seja entendida por todos e manter esse procedimento sempre atualizado cria um ambiente estruturado para o bom andamento do tratamento.

5.2.3 Reino animal: corpo anímico ou astral – relações

O reino animal corresponde a um grupo bem distinto do anterior. É onde a movimentação acontece. Basta pensar no seguinte exemplo: ao sair para trabalhar, seu gato está observando a movimentação externa através da janela de sua sala, mas, ao retornar para casa, você o encontra à sua espera (se você colocar um gerânio no parapeito de uma janela, ele vai permanecer ali até que você resolva retirá-lo do lugar).

Sob essa ótica, no reino animal, surgem os coletivos, a organização em grupos e até mesmo o conceito de hierarquia. A esse respeito, você tem alguma ideia de como vivem as formigas em uma colônia? Elas se organizam em níveis sociais, e cada um deles incorre em funções específicas. Assim, há formigas diferentes para dar conta da guarda da colônia, da alimentação etc. Uma colmeia de abelhas também tem sua própria organização social, contando com a rainha, as operárias e os machos, e cada abelha tem um papel bem definido.

Ainda, é nesse reino que a comunicação começa a existir, por meio de latidos, uivos e cantos, bem como da movimentação da cauda, das orelhas e do corpo. O que não é audível, é visível.

O instinto, aquela reação espontânea, por impulso, que faz com que o animal aja de maneira inconsciente para preservar a própria vida, é marca registrada desse reino. Pode ser o instinto primitivo de amamentar a prole, de ensinar a caçar, ou o mais conhecido deles: o instinto de sobrevivência.

Relembrando, estamos falando de arquétipo do reino animal, e não das especificidades de uma espécie ou outra.

Nos seres humanos, encontramos tais características no corpo anímico ou astral, pois é onde estão presentes sentimentos, instintos, cobiças, paixões, desejos, simpatias e antipatias, bem como nossa comunicação e a formação de grupos – por exemplo, a família.

Já nas empresas, trata-se do nível de relações, o qual contempla todas as relações internas ou externas, com os pacientes, com fornecedores, com parceiros, a hierarquia organizacional e as lideranças formais ou informais.

Embora seja um nível de mais difícil percepção nos ambientes corporativos, ele afeta toda a vida organizacional. Nessa ótica, o "clima" da empresa pode ser quente, ameno ou, até mesmo, frio, e o modo como as conversas fluem ou não são exemplos que revelam a "temperatura" das equipes.

Não é raro que existam organizações sem comunicação e acolhimento, isto é, que não têm vida social. Porém, de outro lado, observamos a beleza dos trabalhos em grupo, a possibilidade de chegar mais longe juntos do que separados, com processos e papéis bem definidos.

É nesse nível que residem os conflitos. A comunicação pode falhar, a antipatia prevalecer, os egos inflarem e até as cobiças e paixões superarem o propósito.

Enxergar esse invisível e atuar a partir do *eu* na construção de um clima agradável para o processo de tratamento do paciente é muito importante. Acolhimento, alegria, empatia, comunicação clara são alguns dos elementos que podem fazer toda a diferença.

5.2.4 Reino hominal: eu – nível de identidade

O reino hominal contém apenas o homem, esse ser com potencial de consciência, razão e conhecimento de sua própria biografia. Nós, seres humanos, sabemos de onde viemos, podemos sonhar com o futuro e tomar decisões que nos aproximem disso.

Esse reino representa o nosso corpo, chamado *eu*. Ele contém a consciência da nossa história, de nossas vocações, bem como de nossos talentos e aspirações. Esse corpo que guarda a nossa "missão de vida" faz de nós criaturas únicas, diferentes de quaisquer outros seres vivos. Nele também está presente o livre-arbítrio, que é ausente nos animais. Somente nós somos capazes de fazer escolhas, julgar entre o certo e o errado e construir o nosso futuro, considerando as complicações internas e externas atreladas a tais aspectos. Temos enorme potencial de realizar muitos feitos – inclusive, de destruir a nós mesmos, o outro e o planeta.

Nas organizações, esse nível corresponde à identidade, que além de ser extremamente sutil, abarca os valores, a história, a missão, a visão, o propósito e a maneira pela qual a empresa se relaciona com a sociedade, bem como o porquê de ela existir.

Além disso, nesse nível, há uma sutileza que não pode ser confundida com processos ou comunicação. Por exemplo, a missão está dentro do nível de identidade e deve permear toda a organização, atingindo inclusive as tomadas de decisão. Se a missão for apenas descrita e pendurada em um bonito quadro na parede (isto é, sem que seja sentida em toda a estrutura corporativa), será apenas um processo e não fará parte da identidade.

Trabalhar a identidade da organização significa encontrar a sua essência, o que a torna única no mundo, e só é possível alcançar esse objetivo com consciência e intuição.

5.2.5 É preciso separar! Por quê?

Dividir o ser humano e as organizações em níveis é uma maneira didática para conseguirmos entendê-los melhor. Mas de forma alguma isso significa que as coisas funcionam separadas.

O fluxo da vida humana e organizacional é uma mistura complexa, e quando tudo está embaralhado, fica difícil compreender o que está presente (pense em um suco feito com tantas frutas que não podemos identificar o sabor de cada uma delas).

Viver esse processo de separação, de olhar cada coisa em seu lugar, permite-nos, depois, com consciência, fazer o processo de integração, de encontro. Há uma sabedoria antiga que diz que só conseguimos integrar aquilo que foi devidamente separado. Trata-se de conhecer, analisar, fazer diagnósticos e aprofundar para, então, poder integrar novamente e seguir com o processo de desenvolvimento humano e organizacional.

5.3 Ferramenta de diagnóstico para o indivíduo

Olhamos, anteriormente, os 4 níveis do ser humano e das organizações. Podemos dizer, então, que a melhor ferramenta para conduzir um processo de desenvolvimento, seja do indivíduo, seja da organização, são as boas perguntas. Elas abrem um espaço para que a reflexão aconteça, ponderações surjam e ações conscientes possam vir a acontecer. Perguntas e seus desdobramentos são ferramentas extremamente poderosas na psicologia organizacional. A esse respeito, a título de inspiração para o conteúdo que abordaremos a seguir, observe, no Quadro 5.2, algumas informações referentes aos seres humanos.

Quadro 5.2 – Reflexões sobre os quatro níveis do ser humano

Corpo físico	Como está a qualidade da sua alimentação? Como está o cuidado com o seu corpo? Como está a ingestão de minerais e água?
Corpo vital	Como estão seus ritmos? Qual é a qualidade da sua rotina? Como está o funcionamento do intestino e da bexiga? Como está a sua respiração (inspiração e expiração)? Qual é a qualidade do seu sono?
Corpo anímico	Você tem se movimentado (dança, esportes, caminhadas etc.)? Como está o seu humor? Você tem escutado músicas do seu agrado? Como está a sua conexão com a natureza? Você tem exercitado a empatia? Tem atuado por meio dos instintos ou de ações conscientes?
Eu	Você tem cultivado a compaixão e o interesse pelo próximo? Está conectado com sua missão/seu propósito de vida? O que tem inspirado sua trajetória? Quais são os seus valores?

5.3.1 Tudo junto e misturado!

No processo de integração, o equilíbrio entre os corpos também nos gera reflexões interessantes. Uma delas é que atuar a partir do *eu* nos torna seres humanos. Decisões baseadas em princípios e valores desencadeiam atitudes e comportamentos que trazem saúde e bem-estar para o indivíduo e o coletivo, proporcionando uma vida mais equilibrada e com sentido. Sob essa perspectiva, desenvolver o *eu* é um processo de autoconsciência que demanda energia, incomoda e dói. É o nosso desafio enquanto humanidade. A esse respeito, em um de seus poemas, Ulrich Schaffer (2008, p. 7) escreve: "Não se pode querer crescer e amadurecer sem esforço e sem uma clara decisão".

Um corpo astral mais atuante faz de nós menos humanos e mais animalescos, desencadeando decisões embasadas em paixões, cobiças e instintos. E não pense que essa realidade nos é distante; pelo contrário, ela acontece com a maioria das pessoas e em momentos diversos – quando sentimos fome ou quando estamos dirigindo, por exemplo. O que precisamos é assumir as rédeas das nossas vidas e não deixar que ela domine nosso dia a dia.

Quando comemos uma feijoada, podemos sobrecarregar o corpo vital e, com efeito, sentiremos sono, preguiça e falta de energia. E se o corpo físico está mais atuante, ele provoca a morte do corpo vital.

Portanto, como seres em desenvolvimento, nossa meta sempre deve ser manter o *eu* no comando. Para atingir esse objetivo, podemos fazer uso das Práticas Integrativas e Complementares em Saúde (PICS).

5.3.2 Ferramenta de diagnóstico para a organização

Continuando com o poder das perguntas no ambiente organizacional, acompanhe o Quadro 5.3.

Quadro 5.3 – Reflexões sobre os quatro níveis organizacionais

Recursos	Os recursos estão suficientes? As pessoas estão sendo bem remuneradas? As manutenções estão acontecendo?
Processos	Como estão os procedimentos? As pessoas têm conhecimento deles? Estão funcionais? Como está o fluxo de informações? Devidamente documentado? Existem inovações e melhorias em curso?

(continua)

(Quadro 5.3 – conclusão)

Relações	Como está o clima organizacional? Quais sentimentos predominam? Qual é a qualidade das lideranças? Como está a comunicação intra e interáreas? O desenvolvimento das pessoas está em pauta?
Identidade	Qual é a história da organização? Quais valores estão presentes nela? Ela está cumprindo a sua missão? Aonde a empresa quer chegar? Qual é o propósito da organização?

Por meio das informações presentes nesse quadro, podemos elencar os principais temas de atuação dentro dos níveis organizacionais: no nível de recursos, a meta é a manutenção; em processos, a busca é sempre pela melhoria contínua; quanto às relações, deve-se prezar pelo desenvolvimento de pessoas; por fim, em relação à identidade, o foco é a transformação cultural.

5.4 Conexões entre indivíduos e organizações

A psicologia organizacional deve abranger o desenvolvimento do ser humano e da instituição em todos os níveis (processos, recursos, relações e identidade). Mas isso só ocorrerá se as pessoas que dela fazem parte se desenvolverem. Para ajudar nesse desafio, a seguir, trataremos de uma estrutura de ligações que se formam entre os indivíduos e as empresas, chamada de *pontes*.

5.4.1 Ponte da identificação

A ponte da identificação é construída entre o *eu* do indivíduo e a identidade da organização. Ela existe quando o colaborador sente que cumpre e vive a sua missão de vida ao trabalhar na organização – ou seja, os valores e a cultura desta alimentam seu próprio propósito. Portanto, trata-se da realização da missão da pessoa ao realizar a missão da instituição.

A fim de fortalecer essa ponte, é necessário trazer clareza para a identidade da organização, bem como desdobrar valores e propósitos em todos os outros níveis, em uma autêntica transformação cultural. De outro lado, é importante apoiar os sujeitos que se relacionam com a organização, para que também fortaleçam seu próprio *eu*.

5.4.2 Ponte da motivação

A ponte da motivação é construída entre o corpo astral e o nível de relações e se dá no momento em que o funcionário se sente acolhido no ambiente organizacional. Em outras palavras, ele é ouvido, tem espaço para se expressar e se sente envolvido. Um exemplo dessa conexão pode ser o de um grupo de amigos que faz trabalho voluntário, sendo que este independe da atividade a ser realizada – o que importa é o grupo estar junto.

Para potencializar essa ponte, é essencial consolidar o senso de união dentro da organização mediante a construção de times. E considerando o contexto individual, o foco deve residir no desenvolvimento de *soft skills*, habilidades e competências comportamentais.

5.4.3 Ponte da dedicação

A ponte da dedicação é construída entre o corpo vital e o nível de processos. Acontece quando o colaborador faz exatamente o que gostaria de fazer e conquista bons resultados na função.

Retomando o exemplo anterior, do grupo de voluntários, nesse caso, não importa para quem ou com quem a atividade será realizada, o que importa é realizá-la! A satisfação é alcançada quando a pessoa realiza sua ação e disponibiliza suas habilidades e potenciais.

Para fortalecer essa ponte, é necessário trazer clareza para as funções organizacionais, suas correlações e entregas. E a nível individual, é importante aperfeiçoar as *hard skills*, isto é, as aptidões técnicas para o exercício do cargo.

5.4.4 Ponte da segurança

Por fim, a ponte da segurança é construída entre o corpo físico e o nível de recursos e ocorre quando o indivíduo se sente seguro financeira e estruturalmente, ou seja, é bem remunerado, tem espaço e equipamentos adequados e suficientes para que desempenhe seu papel.

Voltando ao grupo de voluntários: o propósito, o grupo ou a função não importam, mas sim a segurança do lugar, a confiabilidade etc.

Ainda, ela pode ser fortalecida por meio da atuação na revisão e na adequação de salários, da estrutura e dos equipamentos. Por sua vez, o foco no indivíduo ocorre quando ele recebe o devido auxílio para entender sua relação com o dinheiro, com os orçamentos e com a autoconsciência material.

No processo de diagnóstico, quando apenas uma ponte entre o indivíduo e a organização for identificada, será fundamental prezar pela construção das demais pontes, a fim de ampliar a conexão entre ambos.

Também é importante mencionar que a realização pessoal surge quando conseguimos construir todas as pontes, mesmo que sejam em diferentes locais. Ou seja, as pontes da segurança e da dedicação podem se referir ao emprego, a ponte da motivação dizer respeito ao casamento, e a ponte da identidade, ao trabalho voluntário. A ausência de uma delas acarreta uma sensação de vazio pessoal, razão por que descobrir qual delas está em falta e ajudar o sujeito a construí-la consiste em uma ótima forma de trazer alegria e satisfação.

5.4.5 Exemplos de pontes entre indivíduos e organizações

Entender quais pontes estão construídas entre indivíduos e organizações possibilita que as intervenções e atuações sejam mais assertivas.

Você saberia dizer quais são as pontes que já construiu e em quais lugares?

Nessa perspectiva, a seguir, abordaremos alguns exemplos práticos da importância de um bom diagnóstico antes das intervenções.

Exemplo I

Descontente no trabalho, Joaquim se dirige a seu superior e informa que pretende deixar a organização. Ele é um ótimo funcionário, e a empresa tem condições financeiras favoráveis. Por isso, o gerente lhe propõe um aumento salarial, que fica agradecido pelo reconhecimento financeiro e, devido a isso, decide se manter na empresa. Pouco tempo depois, Joaquim novamente começa a reclamar, pois não se sente feliz, o que enfurece seu superior, afinal, após receber um aumento, por que ele segue infeliz?

Perceba que Joaquim não havia se queixado do salário, ou seja, não era a ponte da segurança que precisava de intervenção, como fez seu supervisor. Nesse sentido, uma conversa aberta e genuína com Joaquim, dando-lhe espaço para se expressar, poderia ter sido mais produtiva. Assim, talvez ele levantasse questões referentes à ponte da dedicação, às recentes mudanças pelas quais passou, aos novos aprendizados que conquistou, e mencionasse que não mais se sentia realizado com o atual trabalho. Ou, ainda, ele poderia manifestar descontentamentos relativos à ponte da motivação, comentando que o ambiente organizacional e as pessoas com quem trabalha não estavam agradando ou, ainda, que, após a demissão de uma colega, o "clima" ficou pesado. Também poderia dizer algo vinculado à ponte da identificação, por recentemente ter notado que os valores e a missão da empresa deixaram de lhe fazer sentido.

Porém, a intervenção foi realizada no nível de recursos, como um paliativo para a queixa de Joaquim, que, por fim, não conseguiu apoio para tratar seus "sintomas".

Exemplo II

João é um funcionário público que recebe um bom salário (ponte da segurança) e que trabalha em um ótimo ambiente de trabalho (ponte da motivação), mas sente falta de algo.

Ao tomar conhecimento das pontes, ele conclui que não desenvolveu as pontes da dedicação (ou seja, não faz exatamente o que desejava) e da identificação (sua missão de vida não se relaciona com a da empresa em que trabalha). No entanto, João não pode abrir mão do salário que recebe, pois não ganharia o mesmo em outra organização. No entanto, o conceito das pontes o ajudou a perceber que é possível construir as duas que estão faltando em outro lugar, sem precisar se desligar da empresa atual. Assim, após dar início a um trabalho voluntário, ele voltou a se sentir completo e feliz.

Exemplo III

Maria é voluntária em uma organização não governamental (ONG) há 10 anos. Uma vez por semana, ela senta à mesa, tira os relatórios da sua gaveta e trabalha no computador que fica reservado para ela. E assim, passa três horas fazendo a gestão das informações das atividades da ONG, com indicadores e estatísticas. Certo dia, o grupo de funcionários da organização resolve remodelar o escritório: muda as mesas e troca os computadores e os relatórios de lugar.

Ao chegar ao escritório, Maria se sente perdida: as coisas não estão na gaveta em que se encontravam antes, e a mesa e o computador em que ela trabalhava também não estão mais onde estavam. Animada, a equipe de funcionários fala sobre as mudanças realizadas. No entanto, Maria fica perdida, sem chão. Ninguém entende como ela pode ser tão ranzinza, resistente às mudanças, e o "clima" fica "pesado".

Na realidade, a ponte da segurança dela foi destruída: a estrutura anterior e os recursos com os quais ela sempre contou não estavam mais como antes. Então, a equipe se desculpa com ela, contornando a situação, e Maria decide seguir na ONG.

Exemplo IV

Mário executava suas tarefas diárias com maestria. Sabia tudo sobre suas atividades e estava sempre superando as expectativas, razão pela qual era admirado por todos.

Certo dia, surgiu uma vaga para gestor, e Mário foi promovido. Sentia que não havia outra escolha, afinal, o salário era muito melhor e, além disso, tratava-se de uma promoção. Ou seja, como ele negaria uma oportunidade dessa natureza? Porém, com o passar do tempo, a dedicação dele deixou de ser a mesma, pois se sentia desmotivado.

A promoção desconstruiu sua ponte da dedicação, pois ele passou a ser um líder e, como tal, precisava fazer a gestão das pessoas (tarefas bem diferentes das que realizava antes). Perceba que, de um lado, há o trabalho técnico, e do outro, a posição de líder, que evoca a necessidade de apoiar os colaboradores na realização dos trabalhos.

É curioso pensar que muitas organizações consideram que, se determinado funcionário é bom em determinada função, ele será capaz de ajudar outras pessoas a também serem boas em seus cargos. No entanto, essa lógica não está exatamente correta. Isso porque as profissões de técnico e gestor envolvem competências e habilidades muito diferentes, o que demanda certo cuidado para que a transição seja eficaz, pois existe uma boa chance de a organização perder um bom técnico e receber em troca um mau gestor.

Por fim, os exemplos que apresentamos retratam apenas algumas das inúmeras possibilidades de equívocos que podem ser cometidos nas relações entre indivíduos e organizações.

5.4.6 Desafios e chamados de desenvolvimento nos níveis organizacionais

O desafio das empresas é encontrar o equilíbrio de atuação em cada nível organizacional: recursos, processos, relações e identidade. Falamos em *encontrar equilíbrio* porque esse processo é vivo, orgânico, e assim como ocorre com os seres humanos, passa por crises e superações.

Além disso, esse desafio não é simples! Para começar, quando de sua criação, as organizações atuam prioritariamente por meio da intuição e da emoção. Muitos pioneiros ou fundadores se preparam para esse início por meio de estudos, da aquisição de conhecimentos técnicos, de análises de viabilidade etc. Contudo, no dia a dia, a percepção de quem está na linha de frente é que define os próximos passos. Sob essa perspectiva, é até mesmo comum que a instituição não saiba exatamente para onde está rumando. Por isso, ela necessita estar aberta ao aprendizado, bem como buscar apoios e correr certos riscos.

O encontro do equilíbrio é dinâmico, e não estático. Podemos, inclusive, fazer uma analogia com o *slackline*, prática esportiva na qual a pessoa precisa andar sobre uma fita de náilon esticada e fazer manobras. No início, ao pender para um lado, o praticante acaba compensando no outro. Também podemos encontrar outro exemplo na natureza: o bambu. Ele é capaz de envergar, e sua alta flexibilidade cria uma tensão tamanha que, ao soltarmos o bambu envergado, ele se movimenta até o lado oposto e segue balançando até encontrar seu equilíbrio novamente. Nas organizações, essa flexibilidade seria análoga à resiliência.

Esse processo também acontece conosco em diversos cenários. Para exemplificar, considere um sujeito que, por desconhecer a prática do *feedback*, não costumava dar retorno para as pessoas acerca das ações por elas tomadas. Contudo, após fazer um curso sobre o assunto, ele passou a fornecer *feedbacks* o tempo todo e para todas as pessoas do seu convívio, o que acabou sendo mais prejudicial do que benéfico a ele. Porém, tão logo cessou a euforia do novo conhecimento, o indivíduo encontrou o equilíbrio e, assim, passou a oferecer *feedbacks* poderosos e nos momentos adequados.

Nas organizações, o caminho é praticamente o mesmo, em todos os níveis. Por exemplo, quando uma organização é fundada, seus processos ainda não são exatamente claros. Ou seja, tudo vai ocorrendo por meio de testes, quase como em improviso, sem registros ou documentação.

Mas, na medida em que a empresa vai se desenvolvendo, surge a necessidade de estabelecer alguns padrões. Nesse cenário, as ações passam a ser documentadas, os processos vão sendo estruturados, os procedimentos operacionais são implantados etc. Até que, assim como no exemplo do bambu, a instituição chega ao extremo da superestruturação (praticamente engessada). Até mesmo o foco da empresa muda – como se todas as respostas estivessem em processos.

A formalização e a burocratização reduzem a flexibilidade que a organização tinha até aquele momento, e quando atinge o outro extremo, a organização se vê diante da necessidade de repensar sua atuação, pois nota que precisa decidir sobre o que realmente importa: o cliente ou o sistema. E não há dúvidas: certamente, é o cliente – embora a prática até então não deixasse isso exatamente claro.

Assim, a busca pelo equilíbrio recomeça: Quais processos são importantes? Quais precisam estar estruturados? Como está a divisão de tarefas? O processo segue até o momento em que a empresa se reencontra com o equilíbrio.

Ainda no ambiente organizacional, mas agora no nível das relações, dá-se algo similar. No começo, as relações são próximas: amigos e entusiastas da ideia se aproximam e se apoiam. No entanto, com o desenvolvimento da empresa, as contratações se tornam necessárias, e novas pessoas chegam, não por proximidade, mas por conta da tarefa que precisa ser realizada.

Logo, surgem as primeiras "panelinhas", e entre os funcionários crescem as simpatias, as antipatias e, com efeito, os conflitos. Para organizar tudo, a comunicação empresarial passa a ser registrada, e protocolos são adotados com muita formalidade. As relações, antes quentes e próximas, vão ficando cada vez mais frias e distantes. Ninguém mais conversa entre si, a criatividade se esvai e a desmotivação toma conta. Novamente, chega-se ao extremo, e o desafio, mais uma vez, é reencontrar o equilíbrio: O que fazer para tornar a comunicação mais fluida? Como construir em conjunto sem perder de vista os desafios individuais? De que modo é possível cocriar e colaborar?

No nível de recursos, não é diferente. Normalmente, os negócios começam com recursos escassos, e o que entra já é reinvestido. A rede de clientes vai aumentando, o produto é bem aceito, e logo a organização precisa adquirir novos equipamentos e tecnologias. Os recursos são basicamente direcionados ao nível de processos, até que, conforme o tempo vai passando, a empresa conclui que eles também podem ser utilizados para o desenvolvimento humano.

E quanto à identidade? As organizações sociais, sem fins lucrativos, têm em seu início uma identidade muito clara – por exemplo, uma entidade criada com o propósito de divulgar uma doença de que se tem pouca informação. Processos e recursos normalmente são os grandes desafios desse tipo de organização.

Em relação às organizações empresariais, com fins lucrativos, o processo descrito anteriormente acontecia de modo inverso. Ou seja, a identidade era limitada ao pioneiro e a força de todos era direcionada aos níveis de recursos e processos, a fim de que a atuação de ambos gerasse lucro.

Atualmente, novas formas de fazer negócios com fins lucrativos vêm aparecendo, inspiradas em movimentos como o do Capitalismo Consciente e o Sistema B, os quais desafiam as organizações a, desde seu cerne, definirem claras intenções acerca dos aspectos ambiental e social, além do financeiro.

No Capitalismo Consciente, a premissa é de que a organização tenha um propósito evolutivo e que o lucro seja a alavanca para alcançá-lo. Além disso, deve-se integrar e gerar valor a todas as partes interessadas: clientes, funcionários, comunidade, investidores, meio ambiente etc. A liderança também consiste em um elemento primordial, pois deve ser voltada para o outro e ser exercida por autênticos artistas da motivação, da inspiração e do engajamento. Por fim, esse modelo de negócios tem, em sua identidade, uma cultura voltada à transparência, à confiança, à autenticidade e ao cuidado com o outro. Trata-se de um novo jeito de fazer negócios.

Enfim, vivemos em um constante fluxo de autodesenvolvimento e de desenvolvimento organizacional. Nessa perspectiva, conhecendo a estrutura das organizações, sua relação com os indivíduos e suas fases de desenvolvimento, podemos pensar em novas formas de intervenção para a criação de novos cenários organizacionais.

Para finalizar o capítulo, apresentamos, no Quadro 5.4, uma síntese dos conteúdos abordados.

Quadro 5.4 – Reinos, corpos, pontes e níveis organizacionais

Reino	Ser humano	Ponte	Nível da organização
Mineral	Corpo físico	Segurança	Recursos
Vegetal	Corpo vital/etérico	Dedicação	Processos
Animal	Corpo anímico/astral	Motivação	Relações
Hominal	Eu	Identificação	Identidade

Síntese

Neste capítulo, vimos que as organizações são seres orgânicos que aprendem, desenvolvem-se e respondem aos estímulos do desenvolvimento da humanidade.

Nós, seres humanos, somos mais do que apenas um corpo físico funcionando, afinal, vivenciamos emoções e pensamentos etc. Totalmente integrados aos reinos mineral, vegetal e animal, somos capazes de transformar e de criar tanto dentro como fora do ambiente organizacional.

Sob essa ótica, as empresas, que criamos à nossa imagem e semelhança, também possuem estrutura, forma de funcionamento e relações humanas, com vistas à realização de um propósito.

Além disso, explicamos que as organizações têm seu próprio ciclo de vida, isto é, enfrentam crises e processos de desenvolvimento. Nesse contexto, nós podemos interferir e fomentar passos assertivos em prol de uma atuação mais consciente, a fim de potencializar resultados e de promover o bem-estar de todos, tanto no âmbito organizacional como na esfera privada.

Isso porque atuar no desenvolvimento humano nas empresas significa gerar um ciclo virtuoso que traz benefícios dentro e fora delas.

Para saber mais

COMVIVER. **Programa Germinar**: desenvolvimento de facilitadores. Disponível em: <https://comviver.net/programagerminar>. Acesso em: 28 jun. 2023.

O Programa Germinar consiste em uma formação com base na ecologia social e na abordagem antroposófica que proporciona caminhos para o desenvolvimento individual, ampliando a consciência e permitindo a construção de ambientes sociais mais saudáveis.

Seu propósito é promover o autodesenvolvimento das pessoas, a fim de que, a partir de seu próprio bem-estar e equilíbrio, possam contribuir para a melhoria da qualidade de vida nos ambientes onde atuam, tornando-se facilitadores capazes de liderar processos de transformação tanto a nível pessoal quanto social e organizacional.

O projeto existe desde 2003, e mais de 4.500 pessoas já passaram por mais de 270 turmas. Está presente em mais de 40 cidades da América Latina, em países como Brasil, Argentina, Chile, México e Portugal.

Questões para revisão

1. De quantos corpos são compostos os seres humanos e quais são os nomes de cada um deles?

2. Em quantos níveis estão divididas as organizações e quais são os nomes desses níveis?
   a) Quatro níveis: recursos, processos, relações e identidade.
   b) Cinco níveis: recursos, processos, relações, corpo vital e corpo físico.
   c) Três níveis: motivação, identificação e processos.
   d) Quatro níveis: recursos, motivação, corpo vital e identidade.
   e) Dois níveis: recursos e processos.

3. Quais são as pontes que os seres humanos estabelecem com as organizações?

4. Assinale a alternativa que apresenta corretamente, e em ordem, o reino, o corpo, a ponte e o nível organizacional:
   a) Animal; corpo astral; segurança; identidade.
   b) Hominal; corpo físico; dedicação; relações.
   c) Vegetal; corpo vital; dedicação; processos.
   d) Mineral; corpo físico; identificação; processos.
   e) Hominal; corpo astral; motivação; recursos.

5. Marcos tem mais de 15 anos de experiência em desenvolvimento de pessoas. É reconhecido por suas *soft skills* de habilidade de comunicação, visão sistêmica, proatividade e trabalho em equipe, bem como pelas *hard skills* de estratégias de subsistemas de desenvolvimento de recursos humanos. Ele foi contratado por uma grande empresa como gerente de Recursos Humanos, com salário superior ao mercado de trabalho e um generoso pacote de benefícios. A nova empresa tem como característica a agressividade e a busca por resultados a qualquer custo. Marcos foi informado de que precisava abrir uma operação nova, contratar e desenvolver 20 pessoas em 45 dias. Após a operação aberta e em funcionamento, ele foi avisado de que precisaria demitir os recém-contratados, pois a abertura da operação foi um erro, devido ao desalinhamento de interesse entre os sócios. Marcos se sentiu péssimo por conta dessa situação e percebeu um desencontro entre o seu propósito e o da empresa. A partir desse cenário, marque V nas assertivas verdadeiras e F nas falsas.
   ( ) Marcos tinha as pontes da segurança e da dedicação estabelecidas nessa organização.
   ( ) A ponte da identificação da empresa com o colaborador pode ser estabelecida quando ambos têm o mesmo propósito de geração de resultados a qualquer custo, o que não corresponde ao comportamento de Marcos.

( ) Marcos foi contratado para desempenhar uma atividade correspondente à sua trajetória profissional de 15 anos. Logo, entende-se que ele buscou estabelecer a ponte da identificação.

( ) A organização mostrou não ter claras suas ações estratégicas, comprometendo a consistência do nível dos recursos.

A seguir, indique a alternativa que corresponde à sequência correta:

a) V, V, F, F.
b) V, F, F, V.
c) F, V, F, V.
d) V, V, V, V.
e) V, F, F, F.

Questões para reflexão

1. Você já parou para pensar em seu propósito de vida? Quais valores estão refletindo a sua prática? Além disso, considerando seu atual estágio de vida, o que é importante para você e como isso vem influenciando a organização em que você atua e o grupo com o qual você compartilha seu trabalho? Procure fazer uma reflexão profunda e analítica acerca desses questionamentos. Assim, você terá mais consistência para auxiliar o outro, nos processos terapêuticos, a encontrar valores e propósitos.

2. Considerando o local em que você trabalha atualmente, reflita sobre as seguintes perguntas:
   a) Quais são as questões atuais?
   b) Há algo que incomode ou preocupe você? Se sim, o que seria?
   c) Consegue pensar em uma intervenção inicial que permita alavancar seu processo de desenvolvimento?
   d) Em que nível essa intervenção ocorreria?

3. Com base nas empresas das quais você consome serviços e/ou produtos, em sua opinião, como é a responsabilidade delas com os clientes (no caso, com você) e com o ambiente social? Nesse cenário, qual é a sua responsabilidade?

4. Com base nas Práticas Integrativas e Complementares em Saúde (PICS), reflita: Quais delas contribuem para que os seres humanos atuem de modo mais consciente nas organizações?

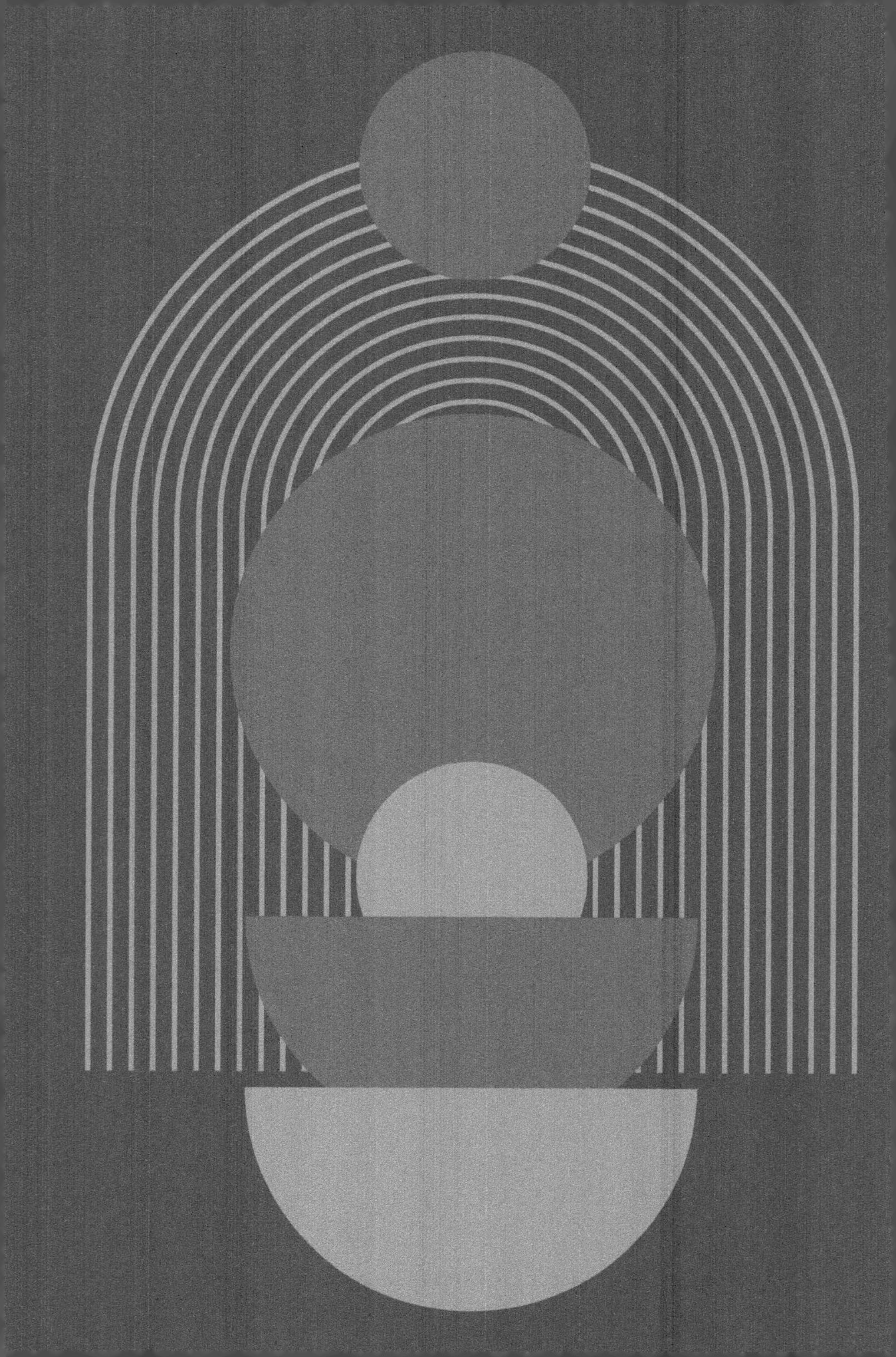

Considerações finais

No contexto da aplicação das Práticas Integrativas e Complementares em Saúde (PICS), compreender o funcionamento do corpo humano e o processo saúde-doença é fundamental. A medicina tradicional, com sua abordagem holística, reconhece a importância de tratar o corpo integralmente, sem dividi-lo em partes ou sistemas. Embora a medicina convencional no modelo biomédico seja essencial para a recuperação de doenças, as PICS surgem como uma complementação valiosa no tratamento da saúde, proporcionando uma abordagem mais abrangente e colocando o indivíduo como protagonista de seu próprio cuidado.

Diante dessa perspectiva, é imprescindível que novos profissionais se familiarizem com as PICS e as incorporem em suas práticas terapêuticas. A educação e o treinamento nesse campo são cruciais para que tais profissionais ampliem suas habilidades e seus conhecimentos, oferecendo aos pacientes opções terapêuticas mais diversificadas. A disseminação das PICS também promove um entendimento mais amplo da saúde e uma visão mais abrangente em relação aos cuidados oferecidos aos indivíduos.

Além disso, a adoção das PICS na prática terapêutica contribui para a maior humanização dos cuidados de saúde. Ao incluir práticas como acupuntura, fitoterapia, meditação e outras terapias complementares, os profissionais são capazes de proporcionar um cuidado mais centrado no paciente, levando em consideração sua individualidade e suas necessidades específicas. Esse cenário fortalece a relação terapêutica entre profissional e paciente, propiciando a este uma participação ativa em seu próprio processo de cura e bem-estar.

Portanto, reconhecer a importância das PICS como complemento ao tratamento convencional e fomentar a formação de profissionais capacitados nessa área são passos essenciais para aprimorar a qualidade dos cuidados de saúde. A integração dessas práticas terapêuticas pode contribuir para uma abordagem mais integral da saúde, beneficiando tanto os profissionais quanto os pacientes. Nessa ótica, é necessário fomentar a pesquisa, a formação e a divulgação de informações atualizadas sobre as PICS, a fim de avançar nesse campo e de garantir que a saúde seja abordada de maneira mais completa e integrada.

Lista de siglas

ABNT	Associação Brasileira de Normas Técnicas
ACS	Agente Comunitário de Saúde
Anvisa	Agência Nacional de Vigilância Sanitária
APS	Atenção Primária à Saúde
Bireme	Centro Latino-Americano e do Caribe de Informação em Ciências da Saúde
BVS MTCI Américas	Biblioteca de Saúde Virtual de Medicinas Tradicionais, Complementares e Integrativas nas Américas
CA	Certificação de aprovação
Casbsin	Consórcio Acadêmico Brasileiro de Saúde Integrativa
CBS	Comissão de Biossegurança em Saúde
CCIH	Comissão de Controle de Infecção Hospitalar
CEP	Comitê de Ética em Pesquisa
Cipa	Comissão Interna de Prevenção de Acidentes
Ciplan	Comissão Interministerial de Planejamento e Coordenação
CLT	Consolidação das Leis do Trabalho
CMS	Conselho Municipal de Saúde
CNPICS/MS	Coordenação Nacional de Práticas Integrativas e Complementares em Saúde do Ministério da Saúde
CNS	Conselho Nacional de Saúde
Conama	Conselho Nacional do Meio Ambiente
Conep	Conselho Nacional de Ética em Pesquisa
DCV	Doença cardiovascular
DM	Diabetes Mellitus
DUDH	Declaração Universal dos Direitos Humanos
ECA	Estatuto da Criança e do Adolescente
EAB	Equipe de Atenção Básica

EPC	Equipamento de Proteção Coletiva
EPI	Equipamento de Proteção Individual
EPS	Educação Permanente em Saúde
e-SUS AB	e-SUS Atenção Básica
Fiocruz	Fundação Oswaldo Cruz
HA	Hipertensão arterial
IMC	Índice de Massa Corporal
Inamps	Instituto Nacional de Assistência Médica da Previdência Social
MBES	*Mindfulness-Based Eating Solution*
MS	Ministério da Saúde
MT/MCA	Medicina Tradicional e Medicina Complementar/Alternativa
MTCI	Medicinas Tradicionais, Complementares e Integrativas
MTE	Ministério do Trabalho e Emprego
MTPS	Ministério do Trabalho e Previdência
NR	Norma Regulamentadora
NSP	Núcleo de Segurança do Paciente
OMS	Organização Mundial da Saúde
ONG	Organização não governamental
PA	Pressão arterial
PCMSO	Programa de Controle Médico de Saúde Ocupacional
PICS	Práticas Integrativas e Complementares em Saúde
PNPIC	Política Nacional de Práticas Integrativas e Complementares
PNRS	Política Nacional de Resíduos Sólidos
PPRA	Programa de Prevenção de Riscos Ambientais
RAS	Rede de Atenção à Saúde
RDC	Resolução da Diretoria Colegiada
Rename	Relação Nacional de Medicamentos Essenciais
RSS	Resíduos de Serviços de Saúde
SCNES	Sistema de Cadastro Nacional de Estabelecimentos de Saúde
SESMT	Serviço Especializado em Engenharia de Segurança e em Medicina do Trabalho

Sisab	Sistema de Informação em Saúde para a Atenção Básica
Sisnep	Sistema Nacional de Informação sobre Ética em Pesquisa envolvendo Seres Humanos
SUS	Sistema Único de Saúde
TA	Transtorno alimentar
TCAP	Transtorno da Compulsão Alimentar Periódica
UBS	Unidade Básica de Saúde
UERJ	Universidade Estadual do Rio de Janeiro
UTI	Unidade de Terapia Intensiva
WMA	World Medical Association

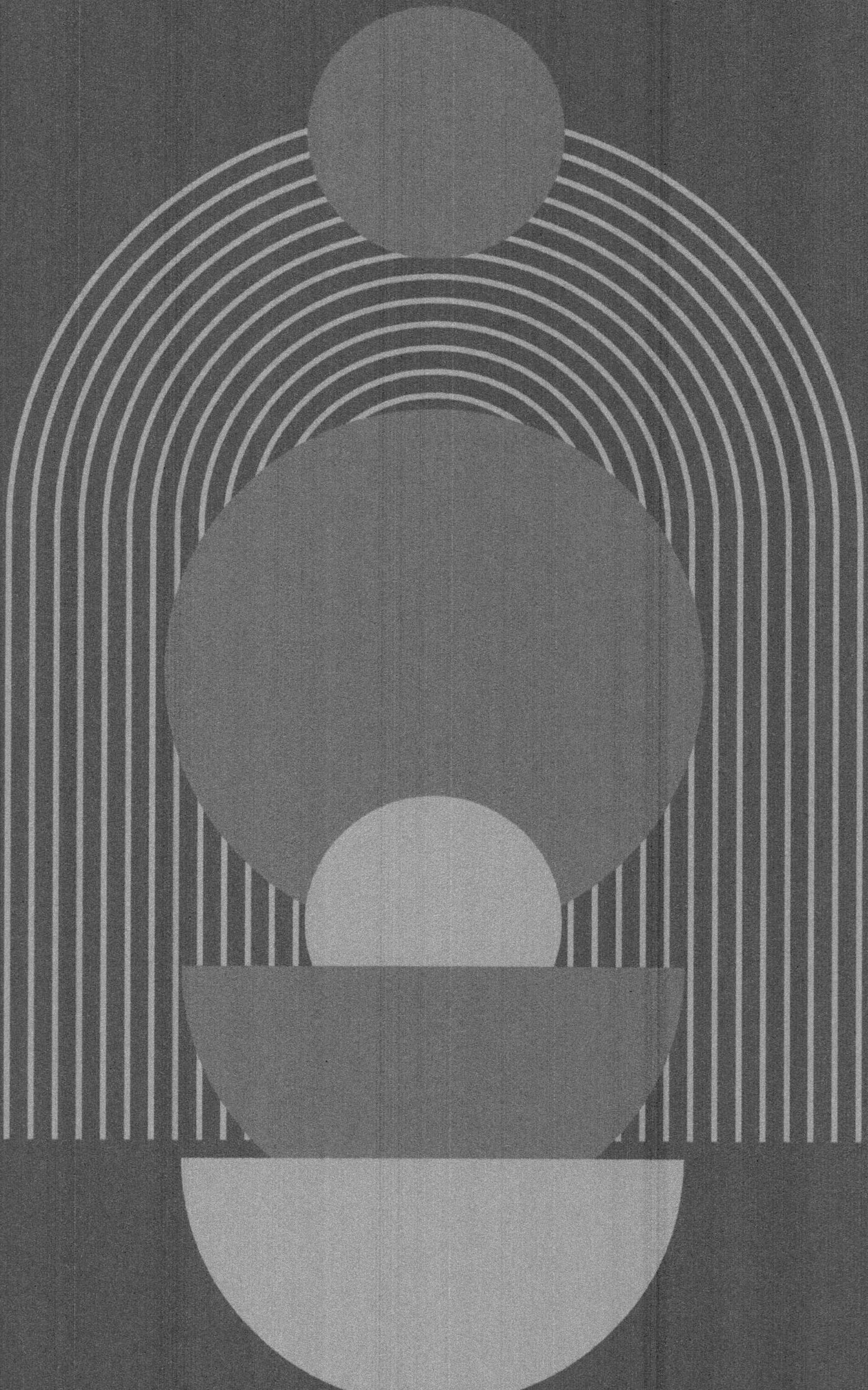

Referências

ABNT – Associação Brasileira de Normas Técnicas. **NBR 7500**: identificação para o transporte terrestre, manuseio, movimentação e armazenamento de produtos. Rio de Janeiro, 2017.

ABNT – Associação Brasileira de Normas Técnicas. **NBR 9191**: sacos plásticos para acondicionamento de lixo – requisitos e métodos de ensaio. Rio de Janeiro, 2002.

ABNT – Associação Brasileira de Normas Técnicas. **NBR 10004**: resíduos sólidos – classificação. Rio de Janeiro, 2004.

ABREU, C. B. B. de. **Bioética e gestão em saúde**. Curitiba: InterSaberes, 2018.

ANDRADE, J. T.; COSTA, L. F. A. Medicina complementar no SUS: práticas integrativas sob a luz da antropologia médica. **Saúde e Sociedade**, São Paulo, v. 19, n. 3, p. 497-508, 2010. Disponível em: <https://www.scielo.br/j/sausoc/a/GTWJDHnkRFdWWZyyh9V3gbN/?lang=pt>. Acesso em: 27 dez. 2021.

BARCHIFONTAINE, C. de. O papel da Pastoral da Saúde na Igreja. **Vida Pastoral**, ano 57, n. 310, jul./ago. 2016. Disponível em: <https://www.vidapastoral.com.br/artigos/bioetica/o-papel-da-pastoral-da-saude-na-igreja/>. Acesso em: 26 jun. 2023.

BEAUCHAMP, T. L.; CHILDRESS, J. F. **Princípios de ética biomédica**. Tradução de Luciana Pudenzi. 3. ed. São Paulo: Loyola, 2002.

BIANCHI, N. A importância da economia circular para o aproveitamento inteligente dos recursos naturais. **Interface Tecnológica**, v. 17, n. 1, p. 543-554, 2020. Disponível em: <https://revista.fatectq.edu.br/interfacetecnologica/article/view/718/494>. Acesso em: 15 maio 2023.

BOROWY, I. Resíduo hospitalar: o lado sombrio da assistência médica. **História, Ciências, Saúde**, v. 27, p. 1-24, set. 2020. Disponível em: <https://www.scielo.br/j/hcsm/a/st5d8k39nJVnwHD7fcMsDLR/?format=pdf&lang=pt>. Acesso em: 16 jun. 2023.

BRASIL. Conselho Nacional de Saúde. Resolução n. 1, de 13 de junho de 1988. **Diário Oficial da União**, Brasília, DF, 14 jun. 1988a. Disponível em: <https://conselho.saude.gov.br/resolucoes/1988/Reso01.doc>. Acesso em: 26 jun. 2023.

BRASIL. Constituição (1988). **Diário Oficial da União**, Brasília, DF, 5 out. 1988b. Disponível em: <https://www.planalto.gov.br/ccivil_03/constituicao/constituicao.htm>. Acesso em: 26 jun. 2023.

BRASIL. Decreto-Lei n. 2.848, de 7 de dezembro de 1940. **Diário Oficial da União**, Poder Executivo, Brasília, DF, 31 dez. 1940. Disponível em: <https://www.planalto.gov.br/ccivil_03/decreto-lei/del2848compilado.htm>. Acesso em: 26 maio 2023.

BRASIL. Lei n. 8.080, de 19 de setembro de 1990. **Diário Oficial da União**, Poder Legislativo, Brasília, DF, 20 set. 1990. Disponível em: <https://www.planalto.gov.br/ccivil_03/leis/l8080.htm>. Acesso em: 15 maio 2023.

BRASIL. Lei n. 12.305, de 2 de agosto de 2010. **Diário Oficial da União**, Poder Legislativo, Brasília, DF, 3 ago. 2010a. Disponível em: <https://www.planalto.gov.br/ccivil_03/_ato2007-2010/2010/lei/l12305.htm>. Acesso em: 16 jun. 2023.

BRASIL. Ministério da Ciência, Tecnologia e Inovação. CNEN – Comissão Nacional de Energia Nuclear. **NE-6.05**: Gerência de Rejeitos Radioativos de Baixo e Médio Níveis de Radiação. 1985. Disponível em: <http://appasp.cnen.gov.br/seguranca/normas/pdf/Nrm801.pdf>. Acesso em: 15 maio. 2023

BRASIL. Ministério da Saúde. Agência Nacional de Vigilância Sanitária. Resolução da Diretoria Colegiada n. 222, de 28 de março de 2018. **Diário Oficial da União**, Brasília, DF, 29 mar. 2018a. Disponível em: <https://bvsms.saude.gov.br/bvs/saudelegis/anvisa/2018/rdc0222_28_03_2018.pdf>. Acesso em: 15 maio 2023.

BRASIL. Ministério da Saúde. Conselho Nacional de Saúde. Resolução n. 196, de 10 de outubro de 1996. **Diário Oficial da União**, Brasília, DF, 16 out. 1996. Disponível em: <https://bvsms.saude.gov.br/bvs/saudelegis/cns/1996/res0196_10_10_1996.html>. Acesso em: 26 jun. 2023.

BRASIL. Ministério da Saúde. Organização Pan-Americana da Saúde. **Biossegurança em saúde**: prioridades e estratégias de ação. Brasília, 2010b. (Série B. Textos Básicos de Saúde). Disponível em: <https://bvsms.saude.gov.br/bvs/publicacoes/biosseguranca_saude_prioridades_estrategicas_acao.pdf>. Acesso em: 16 jun. 2023.

BRASIL. Ministério da Saúde. Portaria n. 702, de 21 de março de 2018. **Diário Oficial da União**, Brasília, DF, 22 mar. 2018b. Disponível em: <https://bvsms.saude.gov.br/bvs/saudelegis/gm/2018/prt0702_22_03_2018.html>. Acesso em: 15 maio 2023.

BRASIL. Ministério da Saúde. Portaria n. 777, de 28 de abril de 2004. **Diário Oficial da União**, Brasília, DF, 29 abr. 2004. Disponível em: <https://bvsms.saude.gov.br/bvs/saudelegis/gm/2004/prt0777_28_04_2004.html>. Acesso em: 15 maio 2023.

BRASIL. Ministério da Saúde. Portaria n. 849, de 27 de março de 2017. **Diário Oficial da União**, Brasília, DF, 28 mar. 2017. Disponível em: <https://bvsms.saude.gov.br/bvs/saudelegis/gm/2017/prt0849_28_03_2017.html>. Acesso em: 15 maio 2023.

BRASIL. Ministério da Saúde. Portaria n. 971, de 3 de maio de 2006. **Diário Oficial da União**, Brasília, DF, 4 maio 2006a. Disponível em: <https://bvsms.saude.gov.br/bvs/saudelegis/gm/2006/prt0971_03_05_2006.html>. Acesso em: 15 maio 2023.

BRASIL. Ministério da Saúde. Portaria n. 2.616, de 12 de maio de 1998. **Diário Oficial da União**, Brasília, DF, 13 maio 1998. Disponível em: <https://bvsms.saude.gov.br/bvs/saudelegis/gm/1998/prt2616_12_05_1998.html>. Acesso em: 15 maio 2023.

BRASIL. Ministério da Saúde. Secretaria de Atenção à Saúde. Departamento de Atenção Básica. **Manual de implantação de serviços de práticas integrativas e complementares no SUS**. Brasília, 2018c. Disponível em: <http://189.28.128.100/dab/docs/portaldab/publicacoes/manual_implantacao_servicos_pics.pdf>. Acesso em 16 jun. 2023.

BRASIL. Ministério da Saúde. Secretaria de Atenção à Saúde. Departamento de Atenção Básica. **Política Nacional de Práticas Integrativas e Complementares no SUS**: atitude de ampliação de acesso. Brasília, 2006b. Disponível em: <https://bvsms.saude.gov.br/bvs/publicacoes/pnpic.pdf>. Acesso em: 15 maio 2023.

BRASIL. Ministério da Saúde. Secretaria de Atenção à Saúde. Departamento de Atenção Básica. **Política nacional de Práticas Integrativas e Complementares no SUS**: atitude de ampliação de acesso. 2. ed. Brasília, 2015. Disponível em: <https://bvsms.saude.gov.br/bvs/publicacoes/politica_nacional_praticas_integrativas_complementares_2ed.pdf>. Acesso em: 15 maio 2023.

BRASIL. Ministério da Saúde. Secretaria de Atenção Primária à Saúde. Departamento de Saúde da Família. Coordenação Nacional de Práticas Integrativas e Complementares em Saúde. **Informe sobre evidências clínicas das Práticas Integrativas e Complementares em Saúde n. 01/2020**: obesidade e diabetes mellitus. Brasília, 2020a. Disponível em: <http://observapics.fiocruz.br/wp-content/uploads/2020/10/Informe-evidencia_obesidade-e-DM.pdf>. Acesso em: 15 maio 2023.

BRASIL. Ministério da Saúde. Secretaria de Atenção Primária à Saúde. Departamento de Saúde da Família. Coordenação Nacional de Práticas Integrativas e Complementares em Saúde. **Informe sobre evidências clínicas das Práticas Integrativas e Complementares em Saúde n. 02/2020**: hipertensão e fatores de risco para doenças cardiovasculares. Brasília, 2020b. Disponível em: <http://observapics.fiocruz.br/wp-content/uploads/2020/10/Informe-evidencia_hipertensao-1.pdf>. Acesso em: 15 maio 2023.

BRASIL. Ministério da Saúde. Secretaria de Atenção Primária à Saúde. Departamento de Saúde da Família. Coordenação Nacional de Práticas Integrativas e Complementares em Saúde. **Informe sobre evidências clínicas das Práticas Integrativas e Complementares em Saúde n. 03/2020**: depressão e ansiedade. Brasília, 2020c. Disponível em: <http://observapics.fiocruz.br/wp-content/uploads/2020/10/Informe-evidencia_depressao-e-ansiedade.pdf>. Acesso em: 15 maio 2023.

BRASIL. Ministério da Saúde. Secretaria de Atenção Primária à Saúde. Departamento de Saúde da Família. Coordenação Nacional de Práticas Integrativas e Complementares em Saúde. **Informe sobre evidências clínicas das Práticas Integrativas e Complementares em Saúde n. 04/2020**: transtornos alimentares. Brasília, 2020d. Disponível em: <http://observapics.fiocruz.br/wp-content/uploads/2020/11/informe_evidencias_transtornosalimentares.pdf>. Acesso em: 15 maio 2023.

BRASIL. Ministério da Saúde. Secretaria de Atenção Primária à Saúde. Departamento de Saúde da Família. Coordenação Nacional de Práticas Integrativas e Complementares em Saúde. **Informe sobre evidências clínicas das Práticas Integrativas e Complementares em Saúde n. 05/2020**: insônia. Brasília, 2020e. Disponível em: <http://observapics.fiocruz.br/wp-content/uploads/2020/11/Informe_evidencias_insonia.pdf>. Acesso em: 15 maio 2023.

BRASIL. Ministério da Saúde. Secretaria-Executiva. Secretaria de Atenção à Saúde. **Glossário temático**: Práticas Integrativas e Complementares em Saúde. Brasília, 2018d. Disponível em: <https://bvsms.saude.gov.br/bvs/publicacoes/glossario_tematico_praticas_integrativas_complementares.pdf>. Acesso em: 15 maio 2023.

BRASIL. Ministério do Meio Ambiente. Conselho Nacional do Meio Ambiente. Resolução n. 275, de 25 de abril de 2001. **Diário Oficial da União**, Brasília, DF, 19 jun. 2001. Disponível em: <https://www.uff.br/sites/default/files/paginas-internas-orgaos/conama_275_2001_0.pdf>. Acesso em: 15 maio 2023.

BRASIL. Ministério do Meio Ambiente. Conselho Nacional do Meio Ambiente. Resolução n. 358, de 29 de abril de 2005. **Diário Oficial da União**, Brasília, DF, 4 maio 2005a. Disponível em: <http://www.siam.mg.gov.br/sla/download.pdf?idNorma=5046>. Acesso em: 15 maio 2023.

BRASIL. Ministério do Meio Ambiente. Instituto Brasileiro do Meio Ambiente e dos Recursos Naturais Renováveis. Instrução Normativa n. 13, de 18 de dezembro de 2012. **Diário Oficial da União**, Brasília, DF, 20 dez. 2012. Disponível em: <https://www.ibama.gov.br/component/legislacao/?view=legislacao&legislacao=128945>. Acesso em: 22 ago. 2023.

BRASIL. Ministério do Trabalho e Emprego. **Normas Regulamentadoras** (**NRs**), 14 fev. 2023. Disponível em: <https://www.gov.br/trabalho-e-emprego/pt-br/assuntos/inspecao-do-trabalho/seguranca-e-saude-no-trabalho/ctpp-nrs/normas-regulamentadoras-nrs>. Acesso em: 15 maio 2023.

BRASIL. Ministério do Trabalho e Emprego. Portaria n. 485, de 11 de novembro de 2005. **Diário Oficial da União**, Brasília, DF, 16 nov. 2005b. Disponível em: <http://sbbq.iq.usp.br/arquivos/seguranca/portaria485.pdf>. Acesso em: 15 maio 2023.

BRASIL. Ministério do Trabalho e Emprego. Portaria n. 3.214, de 8 de Junho de 1978. **Diário Oficial da União**, Brasília, DF, 6 jul. 1978a. Disponível em: <https://www.camara.leg.br/proposicoesWeb/prop_mostrarintegra?codteor=309173&filename=LegislacaoCitada+-INC+5298%2F2005>. Acesso em: 15 maio 2023.

BRASIL. NR 4: serviços especializados em engenharia e medicina do trabalho. **Diário Oficial da União**, Brasília, DF, 6 jul. 1978b. Disponível em: <https://www.gov.br/trabalho-e-previdencia/pt-br/composicao/orgaos-especificos/secretaria-de-trabalho/inspecao/seguranca-e-saude-no-trabalho/normas-regulamentadoras/nr-04.pdf>. Acesso em: 15 maio 2023.

BRASIL. NR 5: comissão interna de prevenção de acidentes. **Diário Oficial da União**, Brasília, DF, 6 jul. 1978c. Disponível em: <https://www.gov.br/trabalho-e-previdencia/pt-br/composicao/orgaos-especificos/secretaria-de-trabalho/inspecao/seguranca-e-saude-no-trabalho/normas-regulamentadoras/nr-05-atualizada-2021.pdf>. Acesso em: 15 maio 2023.

BRASIL. NR 6: equipamento de proteção individual (EPI). **Diário Oficial da União**, Brasília, DF, 6 jul. 1978d. Disponível em: <https://www.gov.br/trabalho-e-previdencia/pt-br/composicao/orgaos-especificos/secretaria-de-trabalho/inspecao/seguranca-e-saude-no-trabalho/normas-regulamentadoras/nr-06.pdf>. Acesso em: 15 maio 2023.

CÓDIGO DE NUREMBERG. Disponível em: <https://www.ghc.com.br/files/CODIGO%20DE%20NEURENBERG.pdf>. Acesso em: 26 jun. 2023.

COELHO, A. L. **Insalubridade**: estruturação epistêmica do direito ao adicional de insalubridade. 2020. Disponível em: <https://analeacoelho.com.br/2020/06/29/insalubridade-estruturacao-epistemica-do-direito-ao-adicional-de-insalubridade/>. Acesso em: 24 jun. 2023.

COFEN – Conselho Federal de Enfermagem; COREN – Conselho Regional de Enfermagem. **COVID-19**: orientações sobre colocação e retirada dos equipamentos de proteção individual (EPIs). 2020. Disponível em: <http://www.cofen.gov.br/wp-content/uploads/2020/03/cartilha_epi.pdf>. Acesso em: 15 maio 2023.

DAINESI, S. M. Em que cenário ocorre a atual revisão da Declaração de Helsinque? **Revista da Associação Médica Brasileira**, v. 55, n. 2, p. 95-107, 2009. Disponível em: <https://www.scielo.br/j/ramb/a/PxsQLZx66DNNtBZLHTwhgvF/?format=pdf&lang=pt>. Acesso em: 16 jun. 2023.

DINIZ, D.; CORRÊA, M. Declaração de Helsinki: relativismo e vulnerabilidade. **Cadernos de Saúde Pública**, Rio de Janeiro, v. 17, n. 3, p. 679-688, maio/jun. 2001. Disponível em: <https://www.scielo.br/j/csp/a/rt67g9TP5KrDZSqHS6MDc6Q/?format=pdf&lang=pt>. Acesso em: 16 jun. 2023.

DUARTE, C. M. R. Equidade na legislação: um princípio do sistema de saúde brasileiro? **Ciência & Saúde Coletiva**, v. 5, n. 2, p. 443-463, 2000. Disponível em: <https://www.scielo.br/j/csc/a/753YvcPRtSR3vFVhwjqxvtp/?format=pdf&lang=pt>. Acesso em: 15 maio 2023.

FORTES, P. A. de C.; ZOBOLI, E. L. C. P. Bioética e saúde pública. **Cadernos do Centro Universitário São Camilo**, São Paulo, v. 12, n. 2, p. 41-50, abr./jun. 2006. Disponível em: <https://saocamilo-sp.br/assets/artigo/cadernos/bioetica_e_saude_publica.pdf>. Acesso em: 16 jun. 2023.

HABIMORAD, P. H. L. **Práticas integrativas e complementares no SUS**: revisão integrativa. 2015. 90 f. Dissertação (Mestrado em Saúde Coletiva) – Faculdade de Medicina de Botucatu, Universidade Estadual Paulista "Júlio de Mesquita Filho", Botucatu, 2015. Disponível em: <https://repositorio.unesp.br/bitstream/handle/11449/139384/000858853.pdf?sequence=1&isAllowed=y>. Acesso em: 15 maio 2023.

HÖKERBERG, Y. H. M. et al. O processo de construção de mapas de risco em um hospital público. **Ciência e Saúde Coletiva**, v. 11, n. 2, p. 503-513, 2006. Disponível em: <https://www.scielo.br/j/csc/a/GBndDzwPRq5xSGP5xqQG8rx/?format=pdf&lang=pt>. Acesso em: 15 maio 2023.

HOSSNE, W. S. Bioética: princípios ou referenciais? **O Mundo da Saúde**, São Paulo, v. 30, n. 4, p. 673-676, out./dez. 2006. Disponível em: <https://revistamundodasaude.emnuvens.com.br/mundodasaude/article/view/690/629>. Acesso em: 16 jun. 2023.

IB – Instituto de Biologia. **Mapa de risco**. Disponível em: <https://www.ib.unicamp.br/comissoes/cipa_mapa>. Acesso em: 15 maio 2023.

IMTEP – Instituto de Medicina e Segurança do Trabalho do Estado do Paraná. **Saúde ocupacional:** mapas de risco. Disponível em: <https://www.imtep.com.br/site/servico/saude-ocupacional/mapa-de-risco/>. Acesso em: 14 ago. 2021.

ISO – International Organization for Standardization. **ISO 45001:** Occupational Health and Safety Management Systems – Requirements for Guidance Use. Genebra, 2018.

JORGE FILHO, I. **Bioética:** fundamentos e reflexões. Rio de Janeiro: Atheneu, 2017.

LALOUX, F. **Reinventando as organizações:** um guia para criar organizações inspiradas no próximo estágio da consciência humana. Tradução de Isabella Bertelli. Curitiba: Voo, 2017.

LOPES, A. C.; LIMA, C. A. de S.; SANTORO, L. de F. **Eutanásia, ortotanásia e distanásia:** aspectos médicos e jurídicos. 3. ed. Rio de Janeira: Atheneu, 2018.

MAFTUM, M. A.; MAZZA, V. M. de A.; CORREIA, M. M. A biotecnologia e os impactos bioéticos na saúde. **Revista Eletrônica de Enfermagem**, v. 6, n. 1, p. 116-122, 2004. Disponível em: <https://revistas.ufg.br/fen/article/view/792/895>. Acesso em: 15 maio 2023.

MARINGÁ. Comissão Interna de Prevenção de Acidentes. **NR 05**. Disponível em: <https://www.maringa.pr.gov.br/cipa/?cod=nr05>. Acesso em: 23 jun. 2023.

MARTINEZ, A. P. **Gerenciamento de risco e segurança do paciente:** a percepção dos estudantes e profissionais de saúde. 127 f. Dissertação (Mestrado Profissional em Educação nas Profissões da Saúde) – Faculdade de Ciências Médicas e da Saúde, Pontifícia Universidade Católica de São Paulo, Sorocaba, 2014. Disponível em: <https://tede2.pucsp.br/bitstream/handle/9488/1/Anna%20Paula%20Martinez.pdf>. Acesso em: 15 maio 2023.

MARTINS, P. H. As outras medicinas e o paradigma energético. In: LUZ, M. T.; BARROS, N. F. (Org.). **Racionalidades médicas e práticas integrativas em saúde:** estudos teóricos e empíricos. Rio de Janeiro: UERJ/IMS/LAPPIS, 2012. p. 309-342.

MENEZES, P. C. **PPRA – Programa de Prevenção de Riscos Ambientais**. 27 jun. 2017. Disponível em: <https://www2.unesp.br/portal#!/costsa_ses/seguranca/>. Acesso em: 24 jun. 2023.

MOGGI, J.; BURKHARD, D. **Liderança e espiritualidade corporativa:** a visão espiritual das pessoas, das organizações, da liderança e da evolução. 2. ed. São Paulo: Antroposófica, 2014a.

MOGGI, J.; BURKHARD, D. **O capital espiritual da empresa**. 2. ed. São Paulo: Antroposófica, 2014b.

MOGGI, J.; BURKHARD, D. **O espírito transformador**: a essência das mudanças organizacionais no século XXI. 4. ed. São Paulo: Antroposófica, 2005.

OLIVEIRA, B. **Biossegurança**. 17 set. 2020. Disponível em: <https://www.fmb.unesp.br/#!/sobre/administrativo/comissoes/comissao-de-etica-ambiental/orientacoes/biosseguranca>. Acesso em: 26 jun. 2023.

OLIVEIRA, F. R. de; FRANÇA, S. L. B.; RANGEL, L. A. D. Princípios de economia circular para o desenvolvimento de produtos em arranjos produtivos locais. **Interações**, Campo Grande, v. 20, n. 4, p. 1179-1193, out./dez. 2019. Disponível em: <https://interacoesucdb.emnuvens.com.br/interacoes/article/view/1921>. Acesso em: 15 maio 2023.

PARANÁ. Secretaria de Estado da Saúde do Paraná. **Práticas Integrativas e Complementares em Saúde – PICS**: perguntas e respostas. Disponível em: <https://www.documentador.pr.gov.br/documentador/pub.do?action=d&uuid=@gtf-escriba-sesa@ee1b24f6-51e8-41d9-a84d-b11e6d1c131e&emPg=true>. Acesso em: 15 maio 2023.

PFERL, M. Entenda os sinais da sua saúde física, mental, social e espiritual. **Central de Notícias Uninter**, 28 set. 2021. Disponível em: <https://www.uninter.com/noticias/entenda-os-sinais-da-sua-saude-fisica-mental-social-e-espiritual>. Acesso em: 26 jun. 2023.

PORTAL EDUCAÇÃO. **Quais são os Equipamentos de Proteção Coletiva (EPC)?** Disponível em: <https://blog.portaleducacao.com.br/quais-sao-os-equipamentos-de-protecao-coletiva-epc/>. Acesso em: 24 jun. 2023.

PRATA, G. **NR 4 – SESMT**: o que é, como funciona e pontos de atenção. 22 jun. 2022. Disponível em: <https://www.sienge.com.br/blog/o-que-e-nr-4-sesmt>. Acesso em: 23 jun. 2023.

RUELA, L. de O. et al. Implementação, acesso e uso das práticas integrativas e complementares no Sistema Único de Saúde: revisão da literatura. **Ciência & Saúde Coletiva**, v. 24, n. 11, p. 4239-4250, 2019. Disponível em: <https://www.scielo.br/j/csc/a/DQgMHT3WqyFkYNX4rRzX74J/?format=pdf&lang=pt>. Acesso em: 15 maio 2023.

RUIZ, C. R.; TITTANEGRO, G. R. (Org.). **Bioética**: uma diversidade temática. São Caetano do Sul: Difusão, 2007.

SANTOS, L. H. L. dos. Sobre a integridade ética da pesquisa. **Ciência e Cultura**, v. 69, n. 3, p. 4-5, 2017. Disponível em: <http://cienciaecultura.bvs.br/pdf/cic/v69n3/v69n3a02.pdf>. Acesso em: 16 jun. 2023.

SANTOS, M. C.; TESSER, C. D. Um método para a implantação e promoção de acesso às Práticas Integrativas e Complementares na Atenção Primária à Saúde. **Ciência & Saúde Coletiva**, v. 17, n. 11, p. 3011-3024, 2012. Disponível em: <https://www.scielo.br/j/csc/a/LVNxyWmP5Kp7qcqhDV5w75g/?format=pdf&lang=pt>. Acesso em: 15 maio 2023.

SCHAFFER, U. **Crescer, amadurecer**: poemas meditativos. Tradução de Herwig Haetinger. 2. ed. São Paulo: Antroposófica, 2008.

SILVEIRA, R. de P.; ROCHA, C. M. F. Verdades em (des)construção: uma análise sobre as Práticas Integrativas e Complementares em Saúde. **Saúde e Sociedade**, São Paulo, v. 29, n. 1, p. 1-11, 2020. Disponível em: <https://www.scielo.br/j/sausoc/a/g4mVXGJ8hC8VJJGptmdH5Sg/?format=pdf&lang=pt>. Acesso em: 15 maio 2023.

TEIXEIRA, A. C. **Biossegurança na estética**. Disponível em: <https://blog.ieseespecializacao.com.br/biosseguranca-na-estetica/>. Acesso em: 26 jun. 2023.

TELESI JÚNIOR, E. Práticas integrativas e complementares em saúde, uma nova eficácia para o SUS. **Estudos Avançados**, v. 30, n. 86, p. 99-112, jan./abr. 2016. Disponível em: <https://www.scielo.br/j/ea/a/gRhPHsV58g3RrGgJYHJQVTn/?lang=pt>. Acesso em: 15 maio 2023.

THE BELMONT REPORT. Disponível em: <https://moodle.ufsc.br/pluginfile.php/1329334/mod_resource/content/1/informe_belmont.pdf>. Acesso em: 26 jun. 2023.

WHO – World Health Organization. **Health-Care Waste**, 2018. Disponível em: <https://www.who.int/news-room/fact-sheets/detail/health-care-waste>. Acesso em: 15 maio 2023.

WHO – World Health Organization. **WHO Traditional Medicine Strategy 2002-2005**. Geneva, 2002. Disponível em: <https://apps.who.int/iris/handle/10665/67163>. Acesso em: 20 ago. 2023.

WHO – World Health Organization. **WHO Traditional Medicine Strategy 2014-2023**. Geneva, 2013. Disponível em: <https://www.who.int/publications/i/item/9789241506096>. Acesso em: 20 ago. 2023.

Respostas

Capítulo 1
Questões para revisão
1. d
2. b
3. d
4. Em um ambiente de assistência em saúde, a gestão de biossegurança é essencial não só para os colaboradores, mas também para os pacientes, uma vez que eles estão expostos aos mesmos riscos e, ainda, à possibilidade de eventos adversos. Portanto, é imprescindível que os profissionais da saúde tenham conhecimento dos principais aspectos vinculados à biossegurança, já que suas ferramentas permitem trabalhar com antecipação, auxiliando a manter um ambiente seguro mesmo com os riscos ambientais presentes.
5. Não é possível garantir a eliminação total dos riscos, tampouco que nenhum erro venha a ocorrer no momento da assistência em saúde.

Capítulo 2
Questões para revisão
1. a
2. b
3. d
4. A autonomia do paciente é um princípio fundamental na bioética, pois reconhece a capacidade do indivíduo de tomar decisões controladas sobre sua própria saúde. Esse princípio destaca a importância

de seguir a vontade e as escolhas dos pacientes, garantindo que eles sejam informados sobre os riscos, os benefícios e as alternativas disponíveis para seu tratamento. A autonomia permite ao paciente participar ativamente do processo de decisão, promovendo sua autoridade e autodeterminação. No entanto, ela também pode incorrer em conflitos com outros valores éticos, como a beneficência e a justiça.

5. A pesquisa científica em seres humanos apresenta uma série de desafios éticos que proporcionam uma abordagem cuidadosa e responsável. A ética em pesquisa exerce um papel fundamental na proteção dos direitos e do bem-estar dos participantes, bem como no avanço do conhecimento científico de maneira ética. Um dos principais desafios éticos na pesquisa envolve o consentimento dos participantes. É essencial garantir que os indivíduos tenham a clara compreensão dos objetivos, procedimentos, riscos e benefícios da pesquisa, permitindo-lhes tomar uma decisão livre e controlar sua participação. Além disso, é importante garantir que eles estejam protegidos de quaisquer danos físicos ou psicológicos durante o estudo.

Capítulo 3
Questões para revisão

1. b
2. a
3. As etapas envolvidas no gerenciamento dos resíduos sólidos de serviços de saúde são: segregação; acondicionamento; identificação; coleta interna para o local de armazenamento temporário; coleta interna para o local de armazenamento externo; coleta e transporte externo; destinação final do resíduo sólido.
4. e
5. O descarte inadequado dos Resíduos de Serviços de Saúde (RSS) pode causar a poluição da água, do solo e do ar e representa um

grande risco à saúde dos seres humanos, tanto pelo contato direto com eles como por consequência da contaminação ambiental.

Capítulo 4
Questões para revisão
1. d
2. c
3. e
4. Os desafios reconhecidos pela Organização Mundial da Saúde (OMS) para a implementação das Práticas Integrativas e Complementares em Saúde (PICS) nos serviços de saúde são: dificuldade de acesso aos serviços de saúde, devido à fragmentação dos serviços; falta de foco no paciente; barreiras geográficas; equipes insuficientes ou obstáculos culturais, por conta da incoerência em relação à cultura da população, além da predominância por serviços e medicamentos curativos e/ou hospitalares orientados para a doença e que, muitas vezes, são mal integrados ao sistema de saúde etc.
5. Acupressão, acupuntura e auriculoterapia, aromaterapia, meditação, ioga, *tai chi chuan* e *qi gong*.

Capítulo 5
Questões para revisão
1. Os seres humanos são compostos de quatro corpos: físico, vital, astral e *eu*.
2. a
3. Ponte da segurança com o nível de recursos; ponte da dedicação com o nível de processos; ponte da motivação com o nível de relações; ponte da identificação com o nível de identidade.
4. c
5. a

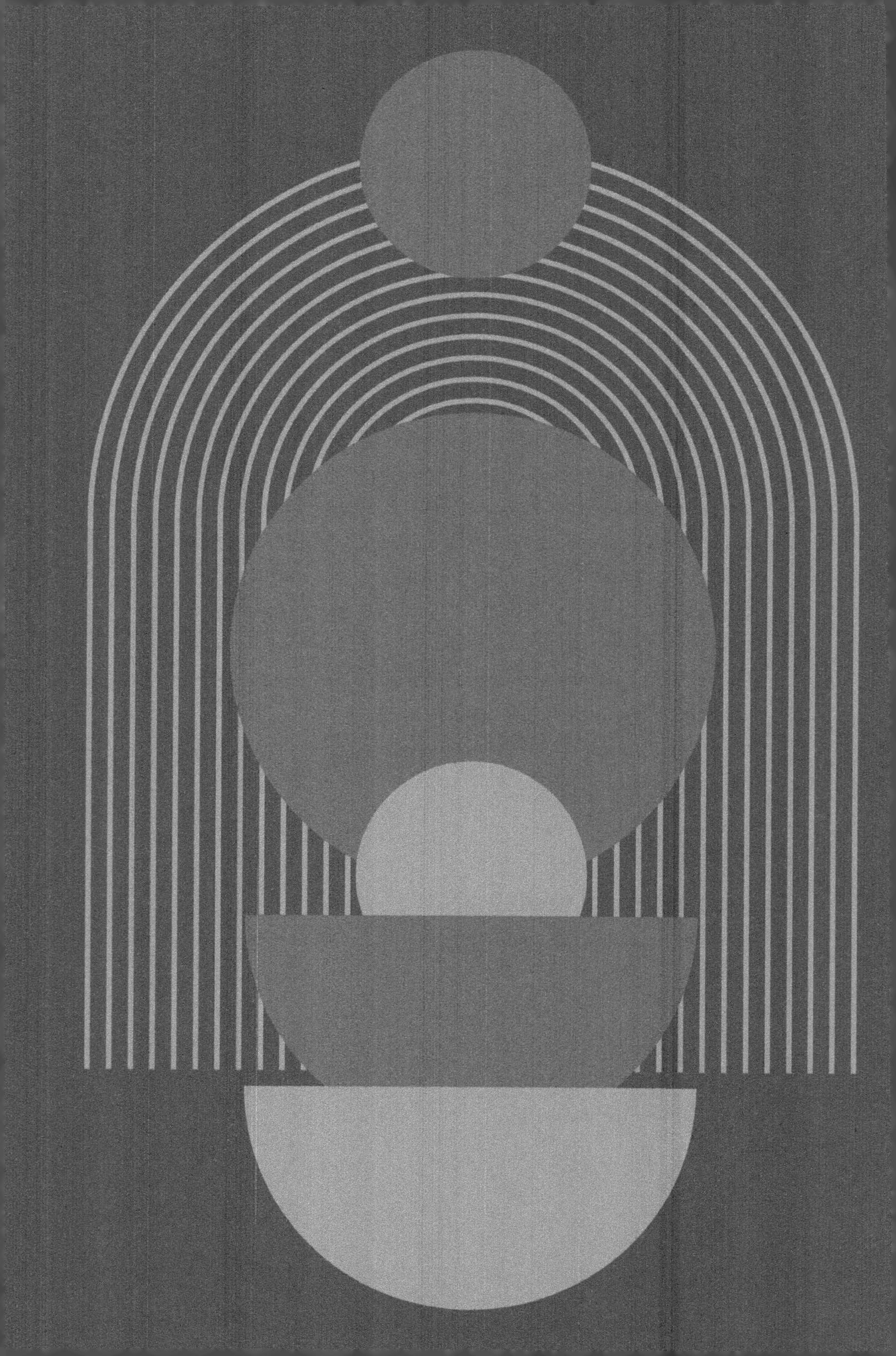

Sobre as autoras

Nathaly Tiare Jimenez da Silva Dziadek

Especialista em Biomedicina Estética pelo Núcleo de Especialização da Fapuga (Nepuga) e em Terapia Ortomolecular pelo Instituto Nacional de Naturopatia Aplicada (Innap); e graduada em Biomedicina pelo Centro Universitário Unibrasil. Também é habilitada em Patologia Clínica e Práticas Integrativas e Complementares (PICS) com atuação em Ozonioterapia pelo Conselho Federal de Biomedicina (CFBM). Atuou em laboratórios de análises clínicas, na responsabilidade técnica e em gestão da qualidade em indústrias de produtos para saúde. Desde 2017, atua na área da estética avançada e saúde integrativa, além de prestar consultoria e assessoria em biossegurança para diversos segmentos. Atualmente, é professora de Estética e professora-tutora no curso da Escola Superior de Saúde Única (ESSU) do Centro Universitário Internacional Uninter.

Patrícia Rondon Gallina

Mestre em Ciências Farmacêuticas, com MBA em Farmácia Estética e em Gestão Comercial, Planejamento e Estratégia; e farmacêutica com atuação generalista formada pelo Centro Universitário Campos de Andrade (Uniandrade). Atuou em farmácia comunitária e magistral e, atualmente, é professora do Centro Universitário Internacional Uninter, onde coordena o Curso Superior de Tecnologia em Práticas Integrativas e Complementares e o Núcleo de Trabalhos de Conclusão de Curso da Escola Superior de Saúde Única (ESSU).

Aline Bisinella Ianoski

Mestre em Ciência e Tecnologia Ambiental pela Universidade Tecnológica Federal do Paraná (UTFPR); especialista em Conservação da Natureza e Educação Ambiental pela Pontifícia Universidade Católica do Paraná (PUCPR); bióloga licenciada pelas Faculdades Integradas Espírita (Fies) e tecnóloga em Processos Ambientais pela UTFPR. Atuou em laboratórios de tratamento de efluentes domésticos, no ensino de bioquímica, bromatologia e fisiologia e em laboratório de pesquisa nas áreas de microbiologia e biotecnologia ambiental. Atualmente, é coordenadora dos laboratórios da Escola Superior de Saúde Única (ESSU) do Centro Universitário Internacional Uninter.

Aline Cristine Hermann Bonato

Mestre em Ciência e Tecnologia Ambiental pela Universidade Tecnológica Federal do Paraná (UTFPR); tecnóloga em Processos Ambientais pela UTFPR e técnica em Bioprocessos Industriais e Biotecnologia pelo Serviço Nacional da Aprendizagem Industrial (Senai). Atuou em indústrias do setor de materiais elétricos e embalagens industriais e do ramo automotivo, nas áreas de gestão da qualidade, ambiental e aplicação da metodologia World Class Manufacturing (WCM). Atualmente, trabalha com o gerenciamento de projetos em uma indústria automotiva.

Carolina Belomo de Souza

Doutora em Saúde da Criança e do Adolescente pela Universidade Federal do Paraná (UFPR); mestre em Educação e Saúde pela Université Paris 13 e especialista em Práticas Integrativas e Complementares e em Gestão da Política de Alimentação e Nutrição. Tem experiência na implementação de políticas públicas de alimentação e nutrição, nutrição e saúde coletiva, nutrição materno-infantil e práticas integrativas e complementares, atuando há mais de 11 anos com a implementação de ações de aleitamento materno no Brasil. Atualmente, é professora de Nutrição, pesquisadora, escritora, terapeuta floral com formação em diferentes sistemas florais e instrutora de *mindful eating* pelo protocolo *Mindfulness-Based Eating Solution* (MBES).

Caroline Pereira Mendes

Graduada em Química Ambiental pela Universidade Tecnológica Federal do Paraná (UTFPR) e pós-graduada em Administração com ênfase em Sustentabilidade Empresarial pela FAE Business School. Desde 2013, é facilitadora certificada do Programa Germinar: Desenvolvimento de Facilitadores. Atua também como consultora de desenvolvimento de grupos, indivíduos e organizações. Tem conhecimentos em formações diversas, como *dragon dreaming*, *change lab*, Teoria U, capitalismo consciente, antroposofia e consultoria.

Impressão:
Setembro/2023